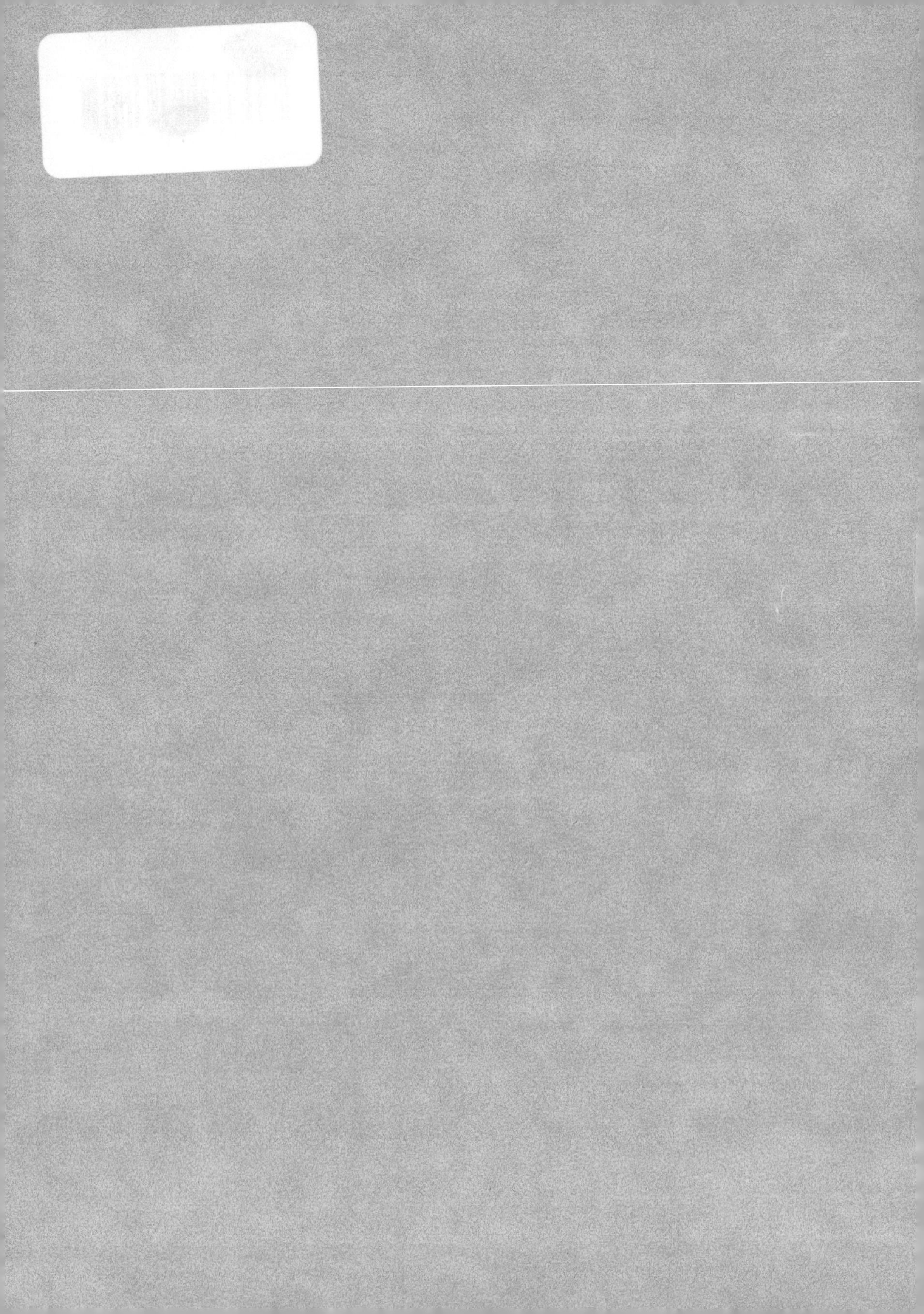

│ 일러두기 │

1. 먹을거리의 기본은 맛입니다. 몸에 좋은 먹을거리도 맛이 있어야 즐겁습니다.
   살림로하스는 좋은 재료 그 자체의 맛을 살리는 최소한의 레시피로 건강한 맛을 추구합니다.

2. 모든 먹을거리는 믿을 수 있는 재료로 만든 건강한 요리여야 합니다.
   살림로하스의 모든 레시피에는 몸에 좋지 않은 것은 아무것도 넣지 않아 걱정 없이 즐길 수 있습니다.

3. 요리는 즐거워야 합니다. 레시피에 얽매이다 보면 요리가 어렵게 느껴집니다.
   재료 중 준비하기 어려운 것은 비슷한 맛이 나는 것으로 대체하거나 넣지 않아도 괜찮습니다.
   좋아하는 재료를 더 넣어도 좋습니다. 살림로하스의 레시피를 가이드라인으로 삼아
   자기만의 요리 스타일을 살려 보세요. 단 요리 초보자라면 처음에는 레시피대로 하는 것이 좋습니다.

4. 이 책의 요리 재료는 모두 2인분을 기준으로 만들었습니다.

우리 아이 방긋 웃는

아토피
사생활

이판제

살림Life

이지혜 | 충청북도 청주시 흥덕구

아토피를 앓고 있는 아이를 둔 엄마라면 모두 겪는 과정이 있지요. 집안 청소, 식탁 바꾸기, 주거 환경 개선하기는 가장 대표적인 사례랍니다. 알면서도 실천하지 못하는 것, 그리고 몰라서 실천하지 못하는 생활습관들을 하나씩 짚고 실생활에 바로 접목시킬 수 있게끔 자세히 알려 주어 유용하네요. 이 책은 아토피를 단번에 이겨낼 수 있다는 환상을 심어주는 책이 아닙니다. 아마 아토피 자녀를 둔 분이라면 '획기적인 치료법'이 나오지 않아 실망할 수도 있어요. 하지만 저는 '환경병'인 아토피에 조심스레 접근해 조금씩 바꾸어 나가는 방법을 알려 주는 이 책에 더욱 신뢰감이 느껴집니다.

이미숙 | 서울시 금천구 시흥동

아토피 아이를 대할 때 가장 걱정되는 것이 음식입니다. 아토피 프리 재료를 고르되 아이가 좋아할 만한 것을 만들어 내는 작업은 생각보다 쉽지 않거든요. 지금껏 먹어 보지 않은 재료라면 새롭게 아토피 반응이 오는 건 아닌지 노심초사하며 잘 주지도 않게 되어서 늘 아이의 영양상태가 걱정이었습니다. 이 책을 보니 사계절 내내 해 먹일 수 있는 무난한 요리가 많아 아토피 아이의 엄마로서 무척 기운이 납니다. 그동안은 육류와 해산물도 조심하느라 입에 대지도 못하게 했는데 이제 마음 놓고 음식을 해 먹일 수 있겠네요. 부록으로 나온 제철 식단도 늘 뭘 먹을지 고민하는 제게 큰 도움이 됩니다.

윤진아 | 경기도 성남시 분당구

단순히 요리만 소개하지 않고 인테리어나 청소법, 옷의 선택과 세탁법 등 의외로 중요한 부분을 자세히 짚어 준 것이 좋았습니다. 아토피는 단순히 먹는 것 한 부분, 입는 것 한 부분으로 해결되는 것이 아니라 전반적으로 관리를 해야 하는 알레르기 질환이니까요. 둘 중 어느 한쪽으로 치우치지 않고 골고루 신경 쓸 수 있도록 다룬 내용이 마음에 드네요. 아토피뿐 아니라 건강한 생활습관 및 식생활로 아이를 튼튼하게 키우고 싶은 부모 모두에게 도움이 되는 책입니다.

환경병 아토피,
환경과 식탁을 바꿔 보세요

문명이 발달하면서 우리는 더 많은 정신적 스트레스와 원인을 정확히 짚어 낼 수 없는 질병에 시달리며 불안 속에 살아가게 되었습니다. 그 중 대표적인 것이 알레르기나 아토피와 같은 환경병입니다. 문명이 뿜어낸 대기오염과 이에 멍들어가는 지구 환경, 그리고 잘못된 식생활과 생활습관 등은 과거에는 미미하게 존재하던 아토피와 알레르기라는 질환을 '현대병' 이라는 몬스터로 만들어 놓았습니다.

환경오염은 외부적인 공격만 하는 것이 아니라 음식물을 통해 우리 몸속 깊숙이 침투하고 있습니다. 보다 먹음직스럽고 매끈한 채소와 과일을 생산하는 데 사용되는 농약과 보존제는 우리 몸에 좋은 영향을 미칠 리 없습니다. 면역력이 강하고 내성이 생긴 어른이라면 그래도 조금은 안전할 수 있지만, 면역력이 약한 아이들은 많은 영향을 받게 되지요. 아토피는 그런 약점을 파고든 질병입니다.

우리 선조들은 아이들의 피부 발진을 '태열' 이라 하여 제 발로 흙을 밟고 서면 없어진다고 했습니다. 하지만 요즘 아이들은 걸음마를 하고 뛰어다닐 때까지도 발진이 가라앉지 않습니다. 요즘의 아토피는 예전과는 달리 대부분 식생활이나 환경의 변화가 원인이기 때문입니다. 식생활과 환경의 변화가 없다면 아이가 자란다고 무턱대고 아토피가 낫지는 않습니다. 오히려 천식이나 비염 등 다른 질환으로 끊임없이 변환하며 '알레르기 행진' 을 이어갈 뿐입니다.

아이의 알레르기나 아토피로 고민이 크다면 환경과 먹을거리를 바꾸어 주세요. 거주 공간을 이동할 수는 없지만 거주 환경과 식탁의 음식은 바꿀 수 있습니다. 우선 집안의 창문을 활짝 열어 환기를 시키는 것부터 시작하세요. 적절한 환기는 집안 마감재에서 나오는 화학물질을 효과적으로 배출할 수 있게 도와줍니다. 찌든 때와 먼지를 털어 내는 청소는 알레르기 원인물질을 줄여 주지요. 조금 불편하더라도 생활습관을 달리하면 아토피와 알레르기 유발 원인을 제거하는 데 큰 도움이 됩니다.

환경의 변화와 더불어 중요한 것은 식생활 개선입니다. '몸에 좋은 것은 입에 쓰다' 라는 말이 있듯이 입에 달고 맛있는 과자류나 인스턴트음식만 자꾸 주어서는 안 됩니다. 우리 땅에서 건강하게 자란 채소, 과일, 어육류를 다양하게 맛보게 해 주세요. 이 책에는 아토피 아이가 맛있게 먹을 수 있는 요리를 찌개, 국, 반찬, 간식 등으로 분류를 하고 다양한 제철 음식으로 채웠으니 매일의 상차림을 고민하는 분이라면 유용하게 사용할 수 있을 겁니다. 아토피는 다루기 어려운 병이지만 완치가 불가능한 병은 아닙니다. 자연을 벗하는 생활습관을 들이고 밥상도 간식도 자연식으로 챙기면 어느새 아토피는 뒤로 물러서고 튼튼한 아이가 방긋 웃고 있을 것입니다.

이판제

한눈에 보는 레시피

contents
차례

CHAPTER 04
매일매일 건강해지는 반찬요리

CHAPTER 05
엄마의 정성 가득! 간단 일품요리

CHAPTER 06
뚝딱 만드는 우리 아이 간식

CHAPTER 01

아토피,
환경과 생활습관을 바꿔라

현대병으로 불리는 알레르기나 아토피는 정확한 원인을 집어내기 어려운 환경병이다.
아토피와 알레르기는 환경의 영향을 많이 받는 만큼, 주변 환경에 대한 점검이 필요하다.
하루 중 많은 시간을 머무는 집을 바꾸면 길을 찾을 수 있다.
잘못된 습관을 개선하는 것도 빼놓을 수 없는 조건이다.

알레르기&아토피, 도대체 왜 생길까?

흔히들 알레르기를 '선진국병'이라고 한다. 미국은 천식 환자가 1700만 명에 이르고 뉴질랜드는 여섯 명 중 한 명, 영국이나 호주는 전체 어린이의 다섯 명 중 한 명이 천식을 앓고 있을 만큼 선진국의 알레르기 발병은 매우 심각한 수준이다. 사회가 도시화되고 주거 환경이 발달할수록 알레르기로 고생하는 사람이 많아진다는 얘기다. 대기오염이나 식품 유통 과정에서 끼어드는 온갖 농약과 보존제 등이 절대적인 영향을 미치고 있음을 쉽게 짐작할 수 있다.

예방주사가 예방 못한 알레르기

우리나라 역시 전체 어린이의 15퍼센트 정도가 천식을 앓았거나 앓고 있는 것으로 집계된다. 여기에는 약물 남용, 지나친 위생 관리, 소아 감염질환의 감소도 중요한 역할을 하고 있는 것으로 알려져 관심을 끌고 있다. 의료 환경이 개선되고 위생 관리에 대한 기준이 높아지며 출생 직후부터 온갖 예방주사를 맞고 균이 적은 상태에서 길러지다 보니 결핵이나 독감, 수두 같은 소아 감염질환의 발생 비율이 현격하게 낮아졌는데, 바로 이 때문에 알레르기가 많아진다는 것이다. 즉, 어릴 때 세균이나 바이러스에 감염되면 알레르기 질환의 발생을 억제하는 Th1세포가 만들어지지만 그렇지 않으면 오히려 알레르기 질환을 유발하는 Th2세포가 생성되기 때문이다. 우리 몸에서 특이면역을 담당하는 T세포에는 T보조세포(T helper cell)가 있다. 이중 Th1세포는 세포 안에서 감염된 부위 내의 비정상적인 세포와 세균을 집중적으로 공격하는 면역 활동을 하고, Th2세포는 세포 밖에서 항체를 대량으로 분비해 외부의 침략자들과 동등한 수준을 유지하는 면역 활동을 한다. 건강을 유지하기 위해서는 이들 세포가 균형을 이루어야 하는데, Th1세포가 형성될 기회가 없어짐으로써 Th2세포만 활성화되는 것이다. 이 Th2세포의 수가 증가하면 면역글로불린(IgE)이라고 불리는 항체가 과잉 생산되어 알레르기 반응이 일어난다.

부모의 유전자 속에 알레르기가 들어 있다

알레르기 체질은 따로 있는 것일까? 선천적으로 알레르기 체질을 타고난 사람이 각종 알레르기 유발물질에 노출되면 알레르기 증세가 나타난다는 것이 정설이다. 알레르기는 유전적 요인에 환경적 원인이 더해져서 일어난다. 아토피성 피부염은 가족력을 보여서 아토피성 피부염 환자의 70~80퍼센트가 가족력이 있는 것으로 집계된다. 부모가 아토피성 피부염을 갖고 있으면 자녀의 50~60퍼센트 정도, 부모 모두가 아토피성 피부염을 앓고 있는 경우, 자녀의 80퍼센트 이상 아토피성 피부염이 나타난다. 이런 까닭에 임신 중이거나 알레르기 증상을 갖고 있는 체질이라면 태아를 위해서도 보다 철저한 음식 관리와 식습관 교체가 필요하다.

생활, 음식, 환경의 문제

물론 알레르기가 유전적으로 타고난 체질이라고 해도 발병하는 데는 도시의 환경요인이 중요한 촉매 역할을 한다. 서울 지역의 알레르기 발병률이 지방에 비해 2.4배 이상 높게 나타나는 반면 산골마을에서 진행되는 아토피 캠프에 참가하여 호전되거나 시골의 친환경 가옥에 이주한 뒤 아토피성 피부염으로부터 벗어난 사례도 적지 않다. 알레르기를 치료할 때는 약에 앞서 생활습관의 변화, 음식 재료와 조리법의 변화, 환경의 변화가 이루어져야 한다. 라이프스타일 자체를 바꾼다는 생각으로 문제를 야기할 수 있는 모든 생활습관을 철저히 바꿔야 알레르기와 아토피로부터 벗어날 수 있다.

평생을 괴롭히는 알레르기 행진

가정마다 아토피성 피부염이나 비염을 비롯한 알레르기 때문에 비상이다. 테마 캠프에 학교까지 생길 정도로 심각한 질환으로 인식되고 있는 것이 바로 알레르기. 우리나라 유치원생과 초등학생 열 명 가운데 세 명은 알레르기 질환인 아토피성 피부염을 앓고 있다.

아토피에서 천식, 비염까지, 알레르기 행진

선조들은 아토피성 피부염을 '태열' 이라 하여 제 발로 흙을 밟고 서는 때, 즉 돌 무렵이 되면 없어진다고 했다. 하지만 요즘 아이들이 앓고 있는 아토피성 피부염은 대부분 식생활이나 환경의 변화 때문에 생기는 것으로, 하나가 좋아지면 연이어 다른 알레르기 증상이 나타나고 또 하나의 증상이 호전되면 새로운 알레르기 반응이 나타나는 식으로 끝없는 '알레르기 행진' 이 이어진다. 알레르기 행진이란 아이의 성장에 따라 식품 알레르기, 아토피성 피부염, 천식, 알레르기 비염 등의 알레르기 증상이 시간차를 두고 나타나는 현상을 가리킨다. 알레르기 행진은 소화기관에 문제가 생기기 시작해, 피부, 호흡기, 코 등으로 질환이 옮겨가는 것이 보통이다.

아토피 첫 증상, 식품 알레르기

식품 알레르기는 출생 직후부터 2세경까지 발생하는데, 우유나 달걀처럼 알레르기를 유발하는 음식을 먹으면 토하거나 설사, 피부 발진 등의 증상을 보인다. 식품 알레르기는 돌이 되면 보통 30퍼센트, 2세가 되면 50퍼센트, 3세가 되면 80퍼센트 가량이 저절로 없어지지만 나머지 20퍼센트 정도의 아이는 이 증상이 지속되어 아토피성 피부염으로 이어질 가능성이 높다. 이 단계가 바로 평생을 괴롭히는 알레르기 행진의 첫 발걸음이다. 따라서 영유아기에는 식품 섭취에 각별히 주의하며 식품 알레르기가 오래 지속되지 않도록 식단을 짜는 것이 좋다. 아토피성 피부염은 출생 후 2~3개월 무렵에 나타나 3세 무렵에 가장 심했다가 5~7세경에 호전되는 경향을 보인다.

14

천식과 알레르기 비염, 아토피의 종착역

아토피성 피부염이 좋아지는 5세경에는 천식의 위험이 급격히 높아진다. 돌 이전부터 천식으로 고생하는 아이들도 있지만 대부분은 5세를 넘어서면서 악화되었다가 사춘기에 이르면 호르몬 분비에 변화가 오면서 차츰 좋아진다. 그러나 이때부터는 또다시 알레르기 비염이 나타나게 되는데, 일련의 과정이 알레르기 행진의 수순에 의한 것이라고 볼 수 있다. 알레르기 비염 역시 5~7세경부터 나타나기 시작하지만 그저 코감기처럼 훌쩍이거나 코가 막히는 가벼운 증상이 계속되다 중·고등학교 때 이르면 증상이 심해져서 콧물이 줄줄 흐르고 끊임없이 재채기를 해 대는 등 방치할 수 없는 지경에 이른다. 알레르기 비염은 꾸준히 치료하지 않으면 완치되기 어렵고, 절반 이상이 성인기까지 이어진다. 물론 알레르기가 모두 이 같은 순서에 따라 행진하는 것은 아니다. 그중 한두 가지만 나타날 수도 있고, 동시에 여러 가지 증상이 나타날 수도 있다. 이런 증상들을 각각의 질병으로 치료하는 것보다는 통합적인 알레르기 질환으로 받아들이고 치료하는 자세가 필요하다.

양의학, 한의학, 대체의학, 아토피를 말하다

단번에 낫지 않는 질환인 아토피의 특성상 환자들은 대부분 기본적인 양의학뿐만 아니라 한의학과 대체의학까지 섭렵하게 된다. 아토피라는 한 가지 질병에 대한 각 의학계의 원인과 결과, 처방은 각기 다르다. 양의학, 한의학, 대체의학에서 아토피에 접근하는 방법에 대해 알아본다.

양의학, 아토피는 면역 체계의 문제

양의학에서는 아토피를 면역 체계의 이상으로 본다. 일반적인 면역 체계를 갖춘 사람이라면 병균에 대항하여 면역력을 발동하는데 아토피 환자들은 인체에 무해한 물질에까지 과도하게 면역력을 발휘해 스스로 병을 만든다는 것이다. 따라서 아토피를 고치기 위해서는 면역 체계를 바로잡아야 한다고 말한다. 그러나 면역 체계는 한 순간에 고칠 수 있는 것이 아니므로 양의학에서는 증상을 완화하는 처방으로 생활습관의 개선과 함께 여러 가지 약물 치료를 권한다. 스테로이드제와 항히스타민제는 아토피 환자에게는 보편적인 약이다. 특히 부신피질호르몬제인 스테로이드제는 즉각적인 효과가 있어 자주 처방되지만 많이 사용하면 내성이 생기고 아토피성 피부염이 더욱 악화되며 심한 경우 골다공증, 녹내장 및 백내장, 심근경색까지 올 수 있는 무시무시한 약이니 조심해야 한다.

한의학, 열독을 풀면 아토피도 풀린다

한의학에서는 아토피가 열독에 의한 질환이라고 본다. 태아가 자궁에 있을 때 산모의 체내에 쌓인 열이 태아에 전달되어 병이 발현한다는 설명이다. 따라서 아토피를 예방하기 위해서는 산모가 임신 전부터 인스턴트식품과 기름진 육류의 섭취를 줄이고, 담담하거나 서늘한 음식을 즐기는 식습관을 가져야 한다. 정신적인 스트레스나 부부간의 잦은 다툼으로 인한 화도 영향을 미치므로 주의한다. 이미 아토피가 생겼다면 몸속의 열을 내리는 것에 초점을 둔다. 열의 종류에 따라 습열, 조열, 혈열, 허열 등으로 나뉘는데 수분대사가 제대로 되지 않은 상태에서 열이 발생하는 습열에는 수분과 열을 빼 주는 음식과 약을, 건조한 기운과 열이 함께 나타나는 조열에는 폐와 위장, 신장의 기능을 보강하는 음식과 약을 처방한다. 혈액에 의해 열이 전달되는 혈열에는 진액을 보충하는 치료법을 쓰고 기혈의 순환이 나빠 발생하는 허열에는 음혈을 보강하는 약재를 쓴다. 한의학은 진단과 처방이 명확하지 않고 한의사에 따라 모두 다른 편이라 조심스러운 접근이 필요하다.

대체의학, 자연으로 돌아가라

대체의학 중 가장 대표적인 것이 일본에서 온 니시의학. 인체의 자연 치유력을 믿고 그것을 살리는 데 초점을 두는 니시의학은 아토피의 원인을 반자연적인 생활습관에서 찾는다. 자연을 벗 삼아 자연 속에서 살던 인류가 점차 자연과 떨어져 사는 것이 문제라는 것이다. 아침을 먹지 않는 조식 폐지 및 채소즙 등의 곡채식을 골자로 하는 식이요법과 특유의 합장 운동, 금붕어 운동 등의 운동요법이 합쳐진 니시의학은 효험을 본 사람들의 입을 토대로 빠르게 확산되고 있다. 그러나 아직 의학적으로 분명하게 입증된 것은 아니므로 무턱대고 맹신하지 않는 것이 좋다.

아토피에 관한 잘못된 상식

아토피 상식은 일 년에도 수십 번 바뀐다. 새로운 연구 결과에 따라 예전 정론이 뒤집히기도 하고 아토피 아이를 둔 엄마 고유의 치료법에 따라 또 다른 연구가 진행되기도 한다. 지금까지 나온 공신력 있는 정보를 토대로 잘못 퍼진 아토피 상식을 바로잡았다.

병원에 가지 않고 민간요법으로 아토피 완치가 가능하다?

아토피 증세는 나아졌다가 다시 나빠지기도 하고 완치한 듯하다 갑자기 재발하기도 하므로 꾸준한 관리가 필수다. 아토피 체험 수기들이 인터넷에 방대하게 올라오면서 이를 무턱대고 따라하는 사람이 많은데 이 '완치 사례' 들조차 아직 완치되지 않은 채 올라온 것일 확률이 높다. 아토피는 개인마다 원인도 증세도 다르기 때문에 획기적인 민간치료법 하나로 모두가 호전되기는 힘들다. 오히려 이런 방법이 증상을 악화시키고 합병증을 불러일으킬 수 있으니 주의해야 한다. 무조건 밥을 끊고 생식을 먹이라거나 몸에 좋은 버섯류나 채소류 한 종류만 먹이라는 등의 민간요법을 따라했다가는 영양결핍으로 성장이 지연될 수 있다.

'새집' 이 아닌 우리집은 아토피 프리 지대?

새집증후군의 주원인으로 꼽히는 포름알데히드, 벤젠, 솔벤트 등의 화학성분은 모두 없어지기까지 약 6개월에서 2년 정도 걸린다. 지은 지 2년 정도 된 집이라면 새집증후군에서 안전할 수 없다는 얘기다. 그보다 더 오래된 집도 안전하지만은 않다. 햇빛이 잘 들지 않는 주택은 곰팡이나 집먼지진드기가 많은 데다 오래된 환풍기가 온열기구를 통해 유해한 화학물질이 배출되어 아토피를 더 악화시킬 수 있다. 겉은 한옥이라도 벽지나 장판, 마루를 다시 깔았다면 마감재로 인한 새집증후군으로 고생할 수 있다. 그러니 언제 지은 집인지만 체크하지 말고 집안 구석구석 확인하고 입주를 결정해야 한다.

아토피성 피부염은 스테로이드 연고로 피부만 잘 관리하면 된다?

가려움증과 염증은 아토피의 여러 증상 중 하나이므로 내부 알레르기 원인이 해결되지 않으면 여간해서는 피부 질환도 낫지 않는다. 따라서 아토피성 피부염을 단순한 피부과 질환으로 여기고 피부 반응만 좋게 만들려고 스테로이드 연고를 자꾸 발라서는 안 된다. 스테로이드 연고는 아토피 환자들에게는 양날의 검과 마찬가지다. 증상을 즉각 완화시키는 고마운 약이기도 하지만 자주 사용할 경우 습관성이 될 수 있고, 더 나아가 스테로이드제 자체가 듣지 않을 수도 있다. 필요 이상으로 오래 사용하거나 환부가 아닌 부분에 사용하면 후 폭풍이 거셀 수 있으니 필요한 만큼 조금씩 환부에만 사용하자.

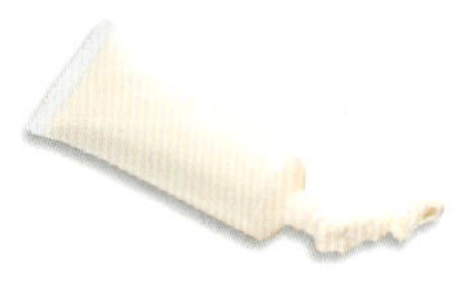

알레르기 호전되는 친환경 라이프스타일

청소로도 해소할 수 없는 문제들이 바로 건축 자재나 실내 마감재에서 뿜어져 나오는 유독 물질들이다. 실내 공기 오염의 주범인 휘발성유기화합물(Volatile Organic Compounds, VOCs)는 중질 섬유판인 MDF나 베니어합판 같은 합성목재, 절연제품, 아교, 페인트의 주요 성분으로 새집 특유의 냄새나 새집증후군을 유발하는 원인이 된다. 그중에서도 포름알데히드나 벤젠은 아토피와 알레르기에 치명적인 영향을 미친다. 아토피성 피부염을 예방하고 치료하기 위해서는 무엇보다 생활환경을 자연에 가깝게 유지하는 것이 중요하다. 때문에 청정한 환경을 찾아 시골로 이사를 가고 캐나다 같은 나라로 '아토피 이민'을 떠나기도 하지만 평범한 가정에서 이런 과감한 처방을 선택하기란 쉬운 일이 아니다. 외국으로, 시골로 떠나지 않고도 잘 살 수 있는 방법이 바로 실내 건축 마감재를 살피는 것이다. 이왕 살 집을 고를 거면 처음부터 어떤 마감재로 어떻게 지어졌는지 꼼꼼하게 따진다.

천연페인트

최근에는 벽지 대신 페인트로 실내 인테리어를 하는 경우가 많은데 아토피가 있다면 천연페인트를 사용하는 것이 좋다. 천연페인트는 일반 페인트와 달리 순수한 천연 원료로 만든 페인트로 인체에 무해하다. 페인트의 종류에 따라 해바라기 오일, 유칼립투스 오일, 밀랍, 레시틴, 황토 등이 함유되어 있다. 원료를 재배할 때도 모두 유기농으로 하고 페인트가 썩더라도 오히려 좋은 거름이 될 정도로 유익한 페인트도 있다.

천연벽지

도배를 할 때 일반적으로 사용하는 실크 벽지는 그 이름과는 달리 실크 대신 비닐과 각종 유해한 화학성분을 함유하고 있고, 벽지를 바르는 풀에도 본드와 방부제 등 인체에 해로운 성분이 많다. 이런 까닭에 새로 인테리어를 바꾼 후 호흡기 질환과 두통, 아토피성 피부염 등으로 고생하는 경우가 있다. 천연벽지는 비닐을 비롯한 각종 석유화학물질을 조금도 첨가하지 않은 순수한 펄프로 만든 벽지를 말한다. 시공할 때도 천연 성분의 풀로 벽지를 바르면 몸에 해롭지 않다. 이런 벽지는 오히려 실내의 습도를 조절해 주고 삼림욕 효과까지 주어 건강에 유익하다.

규조토 벽재

규조토란 식물성 플랑크톤의 일종인 규조가 바다 속이나 호수 밑에 800~1000만 년 동안 쌓여서 규산 부분만 화석화된 퇴적암을 말한다. 새집증후군이나 아토피 등이 증가하면서 친환경 건축 마감재에 대한 관심이 높아지고 있는데, 규조토 벽재는 유해 물질을 흡착하고 분해하는 기능이 뛰어나 친환경 자재로 각광받고 있다. 규조토 암석은 숯의 5천 배에 이르는 기공을 함유하고 있어 오염된 입자를 놓치지 않고 여과하며, 절연성도 뛰어나다. 규조토 벽재를 선택할 때는 규조토의 함량이 높은 것을 선택해야 규조토의 성능을 100퍼센트 발휘할 수 있다.

몸과 환경을 해치는 건축 마감재

- **포름알데히드**_ 포름알데히드에 노출되면 천식이 악화되며 포름알데히드가 함유된 마감재에 접촉하면 피부 발진이나 습진이 생길 수 있다. 최근에는 건축 자재에 대한 포름알데히드 사용이 억제되고 있지만 저질 합성목재나 벽 틈을 메우는 물질에서는 여전히 포름알데히드가 검출되고 있다.
- **벤젠**_ 페인트 희석제나 페인트가 마르면서 배출되는 독성 물질로, 알레르기를 악화시키는 주범으로 손꼽힌다. 간을 피로하게 만들고 암을 일으킨다는 의심을 받고 있기도 하다.
- **솔벤트**_ 페인트에 들어 있는 솔벤트는 VOCs 형태로 증발하여 알레르기 반응을 촉진시키며 호흡기와 신경계, 순환계 등에 손상을 초래한다. 솔벤트는 접착제에도 들어 있다.

에코플랜트로 친환경 그린 인테리어

실내 공기 정화를 위해 식물을 이용하는 것도 좋은 방법이다. 가습 능력이 우수한 식물들은
대부분 공기 정화 능력도 뛰어나 실내에서 키우면 아토피 완화에 도움이 된다. 다양한 식물을
최대한 많이 들여 놓는 것도 하나의 방법이다. 실내 면적의 20퍼센트 정도를 식물로 채우면
10퍼센트를 채웠을 때보다 세 배 정도 많은 양의 미세 먼지를 제거할 수 있다.
미국항공우주국(NASA)의 연구 결과에 따르면 오염 물질로 가득 찬 밀폐공간에 열두 개 정도의
식물을 넣어 두었더니 하루 만에 포름알데히드, 벤젠, 일산화탄소 같은 실내 공기 오염 물질들이
80퍼센트나 제거되는 놀라운 일이 벌어졌다. 이들 식물은 에코플랜트로 불리며 20여 년간
세계적인 인기를 얻고 있다. 집안에서도 식물들을 활용하면 아토피와 알레르기를 예방하거나
증상을 완화하는 친환경 인테리어가 가능하다.

행운목 Corn Plant | 가장 대중적인 관엽식물 중 하나로 포름알데히드를 제거하는 능력이 뛰어나다. 드라세나 종류 중에서 습도 유지와 공기 정화 능력이 가장 뛰어나다.
* NASA 공인 점수 75점 (공기 정화 능력 80점, 관리 용이성 70점, 병충해 저항성 80점, 습도 조절 능력 70점)

거베라 Gerbera Daisy | 공기 정화 식물 연구 초기부터 탁월한 공기 정화 능력을 인정받은 식물. 공기 중의 포름알데히드, 벤젠, 암모니아 등을 제거하는 능력이 뛰어나다.
* NASA 공인 점수 73점 (공기 정화 능력 90점, 관리 용이성 40점, 병충해 저항성 80점, 습도 조절 능력 80점)

송 오브 인디아 Song Of India | 대표적인 에코플랜트로 각광받는 드라세나 종류 중에서도 공기 정화 능력이 가장 뛰어나며 잎의 색상이 아름다워 인테리어 식물로 인기가 높다. 특히 크실렌과 트리클로로에틸렌의 오염 물질 제거에 효과가 탁월하다.
* NASA 공인 점수 75점 (공기 정화 능력 80점, 관리 용이성 70점, 병충해 저항성 80점, 습도 조절 능력 70점)

아이비 English Ivy | 공기 중의 오염 물질을 제거하는 능력이 아주 탁월하다. 특히 포름알데히드를 제거하는 능력은 관엽식물 중 가장 뛰어나 새 아파트나 사무실에 놓으면 아주 좋다. 생명력이 강해 누구라도 쉽게 기를 수 있다.
* NASA 공인 점수 78점 (공기 정화 능력 90점, 관리 용이성 80점, 병충해 저항성 80점, 습도 조절 능력 70점)

보스턴 펀 Boston Fern | 양치류 대부분이 습도 조절 능력이 활발하여 공기 정화 능력이 탁월한 편이지만 그중에서도 보스턴 펀은 뿌리를 통한 공기 정화 능력이 우수하고 실내 습도 유지에 효과적이다. 특히 포르말린 제거에 특효가 있는 것으로 알려져 있다.
* NASA 공인 점수 75점 (공기 정화 능력 90점, 관리 용이성 40점, 병충해 저항성 80점, 습도 조절 능력 90점)

마지나타 Marginata | 실내 유해 물질인 크실렌과 트리클로로에틸렌을 제거하는 능력이 뛰어나다. 세제 사용이 많은 주방, 욕실 주변에 두면 좋다.
* NASA 공인 점수 70점 (공기 정화 능력 60점, 관리 용이성 70점, 병충해 저항성 80점, 습도 조절 능력 70점)

왁스 베고니아 Wax Begonia | 공기 정화 능력이 뛰어나면서도 일 년 내내 꽃을 볼 수 있는 식물이다. 물을 많이 주면 뿌리가 썩기 쉬우므로 오히려 기르기가 쉽다.
* NASA 공인 점수 63점 (공기 정화 능력 40점, 관리 용이성 60점, 병충해 저항성 80점, 습도 조절 능력 70점)

아레카 야자 Areca Palm | 건조한 실내에 수분을 공급하는 습도 조절 능력이 아주 뛰어나다. 1.8미터 높이의 아레카 야자 한 그루가 하루에 1리터 정도의 수분을 뿜어낸다. 실내 공기 오염 물질인 알코올, 아세톤, 트리클로로에틸렌, 벤젠, 포름알데히드 등을 제거하는 능력이 뛰어나다.
* NASA 공인 점수 85점 (공기 정화 능력 80점, 관리 용이성 80점, 병충해 저항성 80점, 습도 조절 능력 100점)

스파티필름 Peace Lily | 공기오염 물질인 알코올, 아세톤, 트리클로롤에틸렌, 벤젠, 포름알데히드를 제거하는 능력이 아주 뛰어나다. 특히 크기에 비해 습도 조절 능력이 뛰어나 건조한 실내 습도를 높이는 데 많은 도움을 준다.
* NASA 공인 점수 75점 (공기 정화 능력 80점, 관리 용이성 70점, 병충해 저항성 70점, 습도 조절 능력 80점)

스파이더 플랜트 Spider Plants | 공기 정화 능력이 뛰어나며 행잉 바스켓에 심어서 실내에 걸어 두면 아래로 잎을 늘어뜨리며 자라기 때문에 인테리어 소품으로도 손색이 없다. 물도 흙이 말라 있을 때 한 번 정도 주면 되기 때문에 기르기도 쉽다.
* NASA 공인 점수 54점 (공기 정화 능력 60점, 관리 용이성 60점, 병충해 저항성 50점, 습도 조절 능력 50점)

군더더기 없는 말끔한 집이 기본

아토피는 특히 실내 가습이 중요하다. 집이 건조하면 수시로 물을 마셔서 피부가 건조해지지 않도록 관리하고 샤워를 한 뒤에는 몸의 습기가 마르기 전에 보습제를 발라 항상 촉촉한 상태를 유지하도록 한다. 식물을 활용해서 자연 가습을 하는 것도 좋다. 숯도 훌륭한 공기 정화기 역할을 하는데, 평당 2~3kg 정도의 숯을 실내에 놓아두면 새집증후군의 원인이 되는 휘발성유기화합물을 제거한다. 그러나 오히려 숯에 먼지가 쌓이거나 화분받침에 물이 고여 썩는다면 역효과를 가져올 수 있다. 가습기 물통은 온도와 습도 때문에 아메바, 곰팡이, 세균, 진드기 등이 번식하기 쉽다. 이렇게 오염된 가습기의 증기가 호흡기로 유입되면 아토피는 물론 비염이나 천식이 악화될 수 있다. 가습기의 물때를 제거하는 제품이 시판되고 있긴 하지만 화학적인 물질을 사용하는 것보다 가습기 물을 날마다 교체해 주고 2~3일에 한 번씩 본체와 물통을 깨끗하게 세척하는 것이 낫다. 집안을 아토피 프리 지대로 만드는 청소법을 소개한다.

쓰레기통 관리

쓰레기통은 중요한 오염원 중 하나다. 쓰레기통 자체가 비위생적으로 관리되거나 쓰레기가 장시간 방치되어 분진이 실내로 유입되고 곰팡이가 발생하면 아토피 증상이 심해질 수 있다. 쓰레기가 가득 차 넘치기 전에 바로바로 쓰레기를 처리한다. 쓰레기통을 위생적으로 관리하려면 밑바닥에 신문지를 몇 겹 깔아 둔다. 이렇게 해 두면 쓰레기에서 나오는 수분이 신문지에 흡수되어 악취를 막을 수 있다. 또 쓰레기를 처리할 때마다 쓰레기통을 세척해서 청결하게 유지하는 것이 좋다.

컴퓨터 주변 관리

아이들 방의 책장이나 컴퓨터도 요주의 대상. 책장 위와 책 사이사이, 컴퓨터까지 그냥 지나칠 수 없다. 특히 컴퓨터는 아이들이 장시간 사용하는 만큼 관리에 만전을 기해야 한다. 본체는 주기적으로 뚜껑을 열고 안에 쌓인 먼지를 제거해 주어야 하며, 뒷면에 케이블이 복잡하게 얽혀 먼지가 쌓여 있는 것도 수시로 확인해서 청소해 주어야 한다. 모니터는 마른걸레로 먼지를 닦아 주고, 키보드는 일 년에 한 번 정도는 자판을 뽑아내 중성세제를 희석한 물에 씻어 말리는 것이 좋다. 면봉에 알코올을 묻혀 자판과 마우스 틈새도 닦는다.

곰팡이 제거

집안 곳곳에 생기는 습기와 곰팡이 제거에도 신경을 써야 하는데, 주방과 다용도실, 욕실을 청결하고 보송 보송하게 유지해야 한다. 싱크대와 욕실은 습기 때문에 곰팡이가 서식할 수 있는 곳이다. 따라서 싱크대의 수도꼭지나 배수구 주변에 누수가 되는 곳은 없는지, 욕실에 곰팡이가 피는 곳은 없는지 등을 철저히 점검 해야 한다. 샤워부스나 샤워커튼 등도 위생 면에서는 취약 지구다. 물을 사용하는 공간일수록 최대한 습기 를 제거해 보송보송한 상태를 유지해야 아토피와 알레르기 발생을 차단할 수 있다.

먼지 제거

환기를 한 뒤에는 먼지 청소를 하는 것이 좋다. 가구나 가전제품에 쌓인 먼지는 물걸레로 닦아 내고 바닥은 진공청소기를 이용해 먼지를 제거한다. 청소에도 방법과 원칙이 있다. 먼지 청소를 할 때는 위에서 아래로, 안에서 밖으로 순서를 잡아야 청소의 효율을 높일 수 있다. 또 진공청소기를 사용할 때는 청소기의 환기구 로 미세 먼지가 새어 나갈 수 있으므로 아이들이 없는 시간에 하는 것이 좋으며, 먼지가 모이는 집진봉투를 수시로 바꾸거나 청소해서 위생 관리에 만전을 기해야 한다. 또 진공청소기를 가동하면 먼지가 공기 중에 날려 수면 중에 호흡기로 흡입될 수 있기 때문에 저녁에는 가급적 사용하지 않는 것이 좋다.

실내 공기 환기

에어컨이나 공기청정기를 사용할 때는 환기를 망설이게 되는 것이 보통인데, 특별한 경우가 아니고서는 실내보다는 외부 공기가 더 깨끗하기 때문에 틈틈이 환기를 하는 것이 좋다. 환기를 할 때는 주변 공기가 가장 깨끗한 시간을 골라서 해야 한다. 낮에 환기가 힘들다면 잠들기 30분쯤 전에 집안의 창문을 모두 열어 환기를 해 주면 좋다. 음식을 조리할 때는 일산화탄소가 배출되니 조리가 끝나면 바로 환기를 해 신선한 바람을 들인다.

세탁물 관리

빨래를 하기 전이나 마친 뒤 세탁물의 오염 제거에도 신경을 쓴다. 빨래를 말린 뒤 개다 보면 생각보다 먼지가 많이 떨어지는 것을 확인할 수 있다. 세탁기의 특성상 빨래에서 분리된 오염 물질이 세탁조의 물이 빠지면서 그대로 빨래 위에 내려앉거나 분말 세제의 찌꺼기가 남아 있는 결과다. 세제는 가급적 액체 세제를 사용하는 것이 안전하며 세탁 전후 오염 물질이나 먼지를 충분히 털어 내도록 한다.

생활용품 관리도 철저하게!

무심코 사용하는 생활용품이 아토피 질환을 겪는 아이에게는 독이 될 수 있다. 아이가 입에 물고 사는 천 인형과 덮고 자는 이불, 즐겁게 읽는 책까지 구석구석 살피고 똑똑하게 관리하자.

패브릭류

커튼이나 카펫은 알레르기의 주범이면서도 청소의 사각지대인 경우가 많다. 또 겨울에는 추위 때문에, 여름에는 에어컨 때문에 문을 닫고 지내는 시간이 많다 보니 환기에도 한계가 있다. 아이들이 수시로 끌어안고 뒹구는 인형이나 쿠션, 깃털 베개도 알레르기에는 매우 위협적인 물건들이다. 패브릭 제품들은 집먼지진드기는 물론, 온갖 세균이 서식하는 알레르기의 온상이 될 수 있기 때문이다. 알레르기나 아토피가 있다면 카펫이나 패브릭 소파는 물론, 침대, 엠보싱이나 자카드 소재의 실크 벽지, 장식용 인형이나 수집품, 쿠션, 커튼도 되도록 없애는 것이 좋다.

침구류

최근에는 집먼지진드기를 원천적으로 차단하는 섬유들 '알레르기 프리' 상품들이 다양하게 선을 보이고 있다. 침대 매트리스를 집먼지진드기 비투과성 천 같은 특수 섬유 커버로 잘 감싸고 베개나 이불도 가급적 알레르기 프리 상품을 사용하는 식이다. 하지만 알레르기나 아토피에 좋은 제품을 사용한다 하더라도 제대로 세탁하지 않으면 아무런 소용이 없다. 베개와 이불은 수시로 햇빛에 내다 말리고 침대 매트리스도 2주일에 1회 정도 화창한 날씨를 골라 30분 이상 햇빛에 말린다. 이때 침구를 두드려 주면 집먼지진드기를 제거하는 데 도움이 된다.

세탁기

알레르기나 아토피가 심할 때는 세탁기 관리에도 주의를 기울여야 한다. 세탁기 내부는 습도와 온도가 충분히 확보되고 세제 찌꺼기가 남아 있어 곰팡이가 생기기 좋다. 평소 세탁기를 보송보송하게 유지하는 것이 관건인데, 세탁이 끝난 뒤에는 반드시 뚜껑을 열어 두고, 패킹 주변의 물기를 닦아 물때와 곰팡이의 발생을 막아야 한다. 몇 년 동안 생각 없이 세탁기를 사용해 왔다면 한 번쯤 세탁조 분해 청소를 해 보는 것이 좋다. 특히 세탁물에 정체불명의 이물질이 묻어나거나 세탁기 내부에서 퀴퀴한 냄새가 난다면 반드시 세탁조 청소를 해야 한다. 집에 호흡기가 약한 어린이나 노인이 있다면 종종 빈 세탁기에 세제를 넣고 '삶음' 코스를 1~2회 돌리는 것이 좋다.

책장과 옷장

책장이나 옷장도 문제다. 책은 눈에 보이지는 않지만 먼지가 쌓이기 아주 좋은 환경을 만든다. 또 각각의 책의 크기가 다르고 표지와 내지의 키가 다른 경우가 많아 일일이 손걸레로 청소를 해야 한다. 이런 먼지를 막기 위해서는 가급적 유리문이 달린 책장을 사용하는 것이 좋다. 행거에 걸려 있는 옷 사이사이, 정전기 때문에 발생하는 옷장 안의 먼지 등도 꼼꼼하게 청소하지 않으면 바닥 청소를 열심히 해 봤자 별 소용이 없다.

알레르기&아토피
방지 의류 선택법과 세탁법

아토피나 천식 등의 알레르기가 있다면 옷은 반드시
가볍고 부드러운 면 소재로 선택하도록 한다. 합성
섬유는 물론, 고급 소재로 인정받고 있는 양모나 실크
제품에 대해서도 알레르기 반응이 나타날 수 있기
때문이다. 뿐만 아니라 몸을 조이거나 통풍이 나쁜
디자인, 지나치게 달라붙는 스타킹, 레깅스 등도 피
부를 자극하여 증세를 악화시킬 수 있으므로 피하는
것이 좋다.

조심해야 할 새 옷 취급법

새로 구입한 옷이라 해도 주의해야 한다. 새 섬유제품에는 생산과정에서 사용된 화학물질 찌꺼기가 남아 있어 피부 질환을 유발할 수 있기 때문이다. 몸에 직접 닿는 만큼 사용 전에 미리 세탁해서 유해 화학성분 찌꺼기를 없애야 한다. 가급적 물세탁이 가능한 제품으로 구입해서 수시로 세탁을 하는 것이 좋다. 드라이클리닝을 해야 하는 제품은 아무래도 자주 세탁하기가 어렵기 때문이다. 어린이들이 아토피성 피부염을 앓고 있을 때는 새 옷의 화학물질에 민감할 수 있으므로 형제나 이웃들로부터 옷을 물려받아 입는 것이 좋다. 수차례 세탁을 반복해 합성염료 등의 화학물질이 어느 정도 제거된 것들이 안전하다.

아토피를 잠잠하게, 천연소재 의류

요즘에는 아토피 환자들을 위한 기능성 의류도 다양하게 출시되고 있다. 이런 소재들은 피부의 수분은 지켜 주면서 가려움은 완화하는 효과가 우수하다. 천연 소재 의류에도 과민한 반응을 보이는 사람이라면 피부 친화성이 높은 소재로 만든 기능성 의류를 선택해서 피부 마찰을 최소화하고, 땀은 신속하게 배출하는 것이 좋다. 또 2년 이상 농약이나 화학비료를 사용하지 않는 밭에서 재배된 유기농 목화로 만든 오가닉 코튼 소재의 의류를 입는 것이 좋다.

피부를 보호하는 세탁 요령

드라이클리닝을 할 때는 각종 화학 세제나 섬유탈취제가 사용되므로 환경호르몬이 유출될 가능성도 배제할 수 없다. 되도록 물세탁이 가능한 옷을 고르되, 어쩔 수 없이 드라이클리닝을 해야 한다면 드라이클리닝 이후 옷을 통풍이 잘 되는 곳에 걸어 두어 휘발성 물질들을 제거해야 한다. 가정에서 세탁할 때는 가급적 여러 번 헹궈 세제 찌꺼기를 완전히 제거하는 것이 좋다. 새 옷은 입기 전에 반드시 빨아서 입어야 생산과정에서 유입된 화학물질과 먼지 등의 오염 물질을 제거할 수 있다. 옷에 부착되어 있는 세탁 및 관리 방법을 숙지하고 그에 따라 세탁을 한다. 섬유의 특성을 무시하고 모든 옷을 한꺼번에 세탁기에 넣고 돌리다 보면 옷감이 변형되거나 섬유 조직 안에서 피부에 안 좋은 성분이 흘러나올 수 있다. 위생적으로 관리한다고 30도에서 세탁하라는 의류를 60도 이상에서 세탁하거나 절대 삶지 말라고 표시되어 있는 옷을 삶아서는 안 된다.

더울 땐 덥게, 추울 땐 춥게 살기

우리나라 사람이 다른 기후대의 나라로 이민을 가면 일 년에 한두 차례는 이유 없이 몸살을 앓는다고 한다. 우리나라처럼 사계절이 뚜렷한 기후에서 태어난 사람들은 계절에 따라 몸도 변화하게 되는데, 일 년 내내 변함없는 기후에 적응하려다 보니 몸에 무리가 따르는 것이다. 계절 차이가 분명한 지역에 사는 사람들은 여름에는 골반이 벌어지고 겨울에는 닫혀 체온조절을 용이하게 한다. 환경에 맞춰 살아갈 수 있도록 몸이 변화하는 자연의 신비다.

계절에 따른 온도 변화는 건강에 직접적인 영향을 미친다. 계절이 바뀔 때마다 몸은 새로운 환경에 적응하려는 노력을 한다. 그러나 요즘은 냉난방이 지나쳐 몸이 계절 변화에 쉽사리 적응하지 못하는 경우가 생긴다. 겨울에 난방을 너무 과하게 하여 땀을 흘리며 살거나 여름에 냉방이 지나쳐 추위에 떨며 옷을 껴입는 것 모두 건강에는 좋지 않다. 냉난방 때문에 생기는 대표적인 문제가 바로 냉방병이다. 냉방병에 걸리면 두통과 식욕부진, 코 막힘 등, 감기와 비슷한 증세가 나타난다.

특히 피부가 약한 사람들은 지나친 냉난방을 피해야 한다. 더구나 아토피성 피부염을 앓고 있다면 여름에는 실내 온도를 25~27도, 가을과 겨울에는 18~20도 정도로 유지해 주어야 피부를 촉촉하게 만들 수 있다. 실내 온도를 너무 높여서 공기 중의 습도가 상대적으로 낮아지면 가려움증이 악화될 수 있다.

피부를 건강하게 만들려면 기후의 변화를 피부로 직접 느끼며 생활해야 한다. 여름에는 적당히 땀을 흘리는 것이 좋고, 겨울에는 적당히 추위를 견디는 것이 좋다. 피부가 스스로 추위와 더위를 이기면서 단련되어야 면역력도 강해진다. 바깥 기온에 겁을 먹고 지레 냉난방이 잘된 공간에서만 생활하는 것은 피부의 타고난 조절 능력을 마비시키는 셈이 된다. 이렇게 무기력해진 피부는 모공이 늘어나고 탄력이 없어지면서 더욱 건조해져 피부염이 악화된다. 특히 냉난방 바람이 직접 피부에 닿으면 표피의 수분을 증발시킬 수 있어 더욱 해롭다.

알레르기 악화시키는 밀폐건물증후군

밀폐된 실내에서 장시간 생활하면 두통이 생기고 목과 눈, 콧속 등이 따갑고 건조해진다. 가슴이 답답한 증상도 생길 수 있으며 어지럽거나 속이 메스꺼운 사람도 있다. 또 이유 없이 피로감을 느끼는 것도 일반적인 증상이다. 이런 증상은 밀폐된 공간에서 냉난방을 하는 경우, 중앙환기식으로 되어 있는 고층 빌딩 등에서 생활하는 경우에 주로 발생하여 '밀폐건물증후군' 이라 불린다. 밀폐건물증후군이 발생하는 직접적인 원인은 공기 순환이 잘 되지 않아 산소가 부족하고 실내 공기가 오염되었기 때문이다. 또 인공적으로 조성된 실내 온도와 습도 등이 인체의 생리 기능에 부적합할 때 일어난다. 이런 환경은 여성이나 스트레스가 많은 사람, 아토피나 알레르기 병력이 있는 사람에게 훨씬 더 큰 영향을 미친다. 또 아토피와 알레르기를 악화시키기 때문에 각별한 주의가 필요하다.

즐겁게 씻고 건강하게 보습하는 방법

아토피성 피부염은 사계절 질환이지만 고온다습한 여름철과 건조한 겨울철에 더욱 기승을 부린다. 강한 자외선과 쉴 새 없이 흘러내리는 땀, 높은 습도 등이 아토피성 피부염을 악화시키는 자극 요인으로 작용하기 때문이다. 아토피성 피부염을 관리할 때 가장 주의를 기울여야 할 부분은 피부 청결과 보습이다. 특히 목이나 팔꿈치, 겨드랑이, 무릎 뒤 오금처럼 피부가 접히는 부분이 땀이나 먼지로 오염되면 세균 번식을 촉진해 피부 염증을 악화시키기 때문에 항상 몸을 시원하게 해서 땀이 차지 않도록 하고 하루에 두 번 정도 미지근한 물로 샤워를 해서 이물질을 씻어 내는 것이 좋다.

욕조 목욕보다는 짧은 샤워로

씻을 때는 샤워 시간이 너무 길지 않도록 하고 욕조 안에 장시간 들어앉아 있는 목욕도 금하는 것이 좋다. 목욕은 20분 이내에 가볍게 끝내는 것이 좋은데, 목욕물의 온도가 너무 높으면 가려움증이 더 심해지므로 약간 미지근한 물로 씻는다. 때를 미는 것도 피부를 자극할 수 있으므로 피한다. 비누를 자주 사용하면 피부가 건조해져서 아토피성 피부염이 더 심해질 수 있으므로 비누 사용을 자제하고 이틀에 한 번 정도 천연 비누나 아토피 전용 비누를 사용하도록 한다. 씻은 뒤에 물기를 닦을 때는 수건으로 문지르며 피부에 마찰을 주지 말고 툭툭 두드려 말리는 것이 좋다.

샤워 후에는 보습제 챙기기

피부가 항상 촉촉해야 피부의 점막이 건강을 유지하게 되고 증상이 악화되는 것을 예방하며 염증이 생겼을 때 이를 치유할 수 있는 면역력도 강해진다. 목욕을 마친 뒤에는 3분 안에 보습제를 발라야 하는데, 이때는 모공이 열려 있고 수분이 마르지 않은 상태라 보습제 성분이 피부에 쉽게 침투할 수 있기 때문이다. 보습제는 손상된 피부 장벽을 회복시켜 줄 수 있는 아토피 전용 제품을 고르되 끈적임 없이 부드럽게 스며드는 크림 종류를 사용하는 것이 좋다. 또 피부염이 심한 부위에는 별도의 치료용 연고를 바른다.

수영장이나 대중탕은 위험

아토피성 피부염이 심할 때는 수영장이나 대중목욕탕은 이용하지 않는 것이 좋다. 수영장 물에 들어 있는 소독약이나 염소 성분이 아토피성 피부염을 악화시킬 수 있기 때문이다. 또 피부염이 심하지 않을 때도 수영장이나 목욕탕은 가급적 짧게 이용하고 물에서 나온 뒤에는 곧바로 몸을 깨끗하게 씻는 것이 좋다.

강렬한 햇빛을 막는 모자와 긴소매 옷

뜨거운 햇볕에 노출되면 피부 각질층의 수분이 증발하고 모세혈관이 확장되어 예민해진다. 또 자외선에 과도하게 노출되면 멜라닌 색소가 침착되어 기미와 주근깨가 생기고 피부가 건조해지면서 노화가 빨라지기도 한다. 특히 아토피나 알레르기 등이 있어 피부가 연약한 경우라면 자외선 차단에 신경 써야 한다. 바깥나들이를 할 때는 햇빛에 피부가 노출되지 않도록 긴 소매 옷을 입거나 모자를 써서 자외선이 직접 피부에 닿지 않도록 하는 것이 좋다. 피부가 햇빛으로 인해 붉어졌을 때는 감자나 오이를 갈아 시원하게 팩을 하면 진정 효과를 볼 수 있다.

맨발로, 느리게, 자연 속으로

울창한 숲은 알레르기 치료에 특효약이다. 나무에서 발산되는 피톤치드는 나무가 자기 방어를 위해 내뿜는 물질로 강한 살균력을 갖고 있기 때문에 알레르기 치료에 큰 효과를 나타낸다. 피톤치드는 사람의 심폐기능을 좋게 하고 알레르기와 스트레스를 해소하는 데 직접적인 도움을 준다. 아토피 같은 피부 질환은 짧은 시간 안에 놀라울 만큼 큰 효과를 나타내기도 한다. 피톤치드의 대명사로 불리는 삼나무를 비롯해 소나무, 편백나무, 주목나무, 구상나무 등이 우거진 숲이면 더욱 좋다.

숲의 기운으로 치유하는 아토피 친화 학교

전라북도 진안에는 울창한 숲을 배경으로 자연 속에서 공부를 하며 아토피성 피부염을 날려 버리려는 어린 이들을 위한 아토피 친화 초등학교가 있다. 해발 1,125m인 운장산 자락에서 피톤치드와 천연 항균 물질로 가득한 자연 휴양림과 기분을 상쾌하게 해 주는 음이온의 발생을 유도하는 계곡물까지 교육 공간으로 활용하고 있다. 공부 못지않게 건강한 삶이 중요하다는 것을 깨달은 사람들을 위한 소중한 배움의 공간이다. 이 학교는 교실 바닥이나 벽도 편백나무나 황토 같은 친환경 소재를 사용했다. 주변 환경도 중요하지만 학생들이 주로 생활하는 공간인 교실부터 건강으로 가득 채우겠다는 의지다. 또 학교 내에서는 허브차를 마시고 스파 치료도 병행한다. 체험장을 마련해 옥수수와 콩, 고구마 같은 농작물을 직접 재배하도록 해 일거양득의 효과를 노리고 있다. 이런 체험 활동을 통해 아이들은 건강한 음식을 먹고 마시며 친환경 먹을거리의 중요성을 몸에 익힌다.

자연을 끌어안는 아토피 캠프

본격적인 학교 외에도 요즘은 다양한 아토피 캠프와 재활 단지들이 속속 생겨나고 있다. 아토피가 환경병이니만큼 좋은 환경으로 다스려야 한다는 취지에서다. 이들 캠프는 모두 울창한 숲과 자연, 건강한 흙 속에서 생활함으로써 자연의 치유 효과를 최대화하는 데 중점을 두고 있다. 아토피 캠프를 찾는 성인들도 많은데 피톤치드 가득한 숲 속에서 책을 읽거나 산책하는 것만으로도 며칠 만에 놀라운 효과를 봤다는 경험들이 이어지면서 아토피 캠프에 대한 관심이 확산되고 있다.

숲을 거닐며 여유롭게 삼림욕

정규화된 캠프나 프로그램에 참여하지 않더라도 시간이 날 때마다 자연을 찾고 그 속에서 한가로운 시간을 보내다 보면 어느덧 몸과 마음이 여유를 되찾고 아토피가 사라진다. 모든 현대병은 자연을 거스르는 데서 시작되므로 복잡하고 바쁘고 스트레스 가득한 생활환경을 벗어나 자연 속에 머무는 것만으로도 얼마든지 치유 효과를 기대할 수 있다. 피톤치드는 해 뜰 무렵과 오전 10~12시 사이에 가장 많이 발산되니 삼림욕을 할 때는 가급적 아침 일찍 움직이는 것이 좋다. 전날 저녁에 미리 도착해 숙면을 취하고 해 뜰 무렵부터 산책하면 몸과 마음의 건강을 되찾고 정신까지 맑아지는 경험을 누릴 수 있다. 인위적인 모든 것을 털어 버리고 천천히 자연을 만끽하는 것이 삼림욕의 포인트이다.

아토피성 피부염 자가진단법

병을 집에서 임의로 진단하고 치료하는 것은 위험하지만 아토피 피부염의 경우, 병원을 찾기 전에 대표적인 피부 증상과 알레르기 증상, 유전적인 요인들을 점검해 볼 수 있다.

- ☐ 얼굴이 전체적으로 거칠고 빨갛다.
- ☐ 이마, 뺨, 눈 주위에 부분적으로 각질이 일거나 좁쌀 같은 것이 돋고 빨갛다.
- ☐ 턱 아래 목이나 귀밑, 뒷목 등에 붉은 피부 병변이 있으며 각질이 자주 생긴다.
- ☐ 코밑이 잘 헐고 입술과 턱이 빨갛거나, 귓불이 짓물러서 갈라져 있다.
- ☐ 등이나 가슴, 배가 많이 거칠고 좁쌀 같은 것이 돋아 있으며 부분적으로 붉게 되어 있다.
- ☐ 겨드랑이나 팔의 접지부, 무릎 안쪽 등이 거칠고 가렵다.
- ☐ 엉덩이나 사타구니에 붉은 피부병변이 있다.
- ☐ 피부가 많이 건조하고 거칠며 각질이 잘 생긴다.
- ☐ 피부에 오돌토돌한 것이 잘 생기고 가려워 자주 긁는다.
- ☐ 자는 동안이나 무의식중에 자주 긁거나 이불에 비비며 가려워 잠을 설친다.
- ☐ 특정 음식을 먹고 나면 몸이 가렵거나 피부 병변이 나타난다.
- ☐ 특정 약을 먹고 나면 몸에 피부 병변이 빨갛게 돋아난다.
- ☐ 특정 물질에 닿은 피부가 빨갛게 변한다.
- ☐ 천식, 알레르기성 비염, 결막염 등의 알레르기 질환이 있다.
- ☐ 부모 또는 가까운 친척 중에 알레르기 또는 아토피성 피부염 환자가 있다.
- ☐ 부모님 중 과거에 아토피성 피부염을 겪은 분이 있다.
- ☐ 어려서 태열을 겪었거나 아토피가 있었다.
- ☐ 땀을 흘리면 피부가 가렵거나 따갑다.
- ☐ 수영장이나 바다에서 수영을 하고 나면 피부가 가렵거나 따갑다.
- ☐ 광알레르기(햇빛알레르기)가 있다.

▶ 5개 이하 항목에 해당되는 경우

아토피성 피부염일 가능성이 약간 있으며, 날씨가 건조해지면 초기 아토피성 피부염이 시작될 수도 있다. 보습력이 높은 크림으로 피부 관리를 해 주며 잘 관찰하도록 한다.

▶ 6~10개 항목에 해당되는 경우

아토피성 피부염일 가능성이 높으며 이미 아토피성 피부염이 시작된 것으로 보인다. 보습제로 피부 관리에 신경을 쓰고 병원을 방문해 정확한 진단을 받도록 한다.

▶ 11개 이상 항목에 해당되는 경우

정도가 심한 아토피성 피부염으로 볼 수 있다. 알레르기나 피부과 전문의를 찾아 정확한 원인을 찾아보고 적절한 치료와 피부 관리를 통해 증상이 개선되도록 노력해야 한다.

출처 : 대한소아알레르기호흡기학회

아토피 검사의 종류

- **피부 단자 검사** : 알레르기 항원이 들어 있는 여러 가지 액체를 등이나 팔에 올려놓고 그 부위를 소독된 침으로 살짝 찔러 15~20분 후 각각의 부위에 생긴 발진과 부어 오른 정도에 따라 알레르기 반응을 판단한다. 급성 아토피성 피부염 반응 검사에 주로 사용된다.
- **첩포 검사** : 패치 형태로 된 항원을 팔이나 등에 붙이고 48시간 이후에 피부 반응을 판독한다. 만성 아토피성 피부염 반응 검사에 주로 사용된다.
- **혈액 검사** : 집먼지진드기나 꽃가루같이 호흡을 통해 흡입되거나 달걀, 우유, 밀처럼 음식물 섭취를 통해 알레르기를 일으키는 항원에 대한 면역글로불린(IgE)의 수치를 측정하는 방법이다.
- **확진 검사** : 특정 음식물이 아토피성 피부염의 원인으로 작용하는지 알아보는 검사로, 원인이 되는 음식물을 식사에서 제거한 후 피부 반응을 관찰하는 식품 제한 검사와 원인이 되는 음식을 먹이면서 피부 반응을 관찰하는 식품 유발 검사가 있다.
- **경피 수분 손실 검사** : 피부장벽의 기능을 측정하는 검사로, 일정한 조건 아래서 피부로부터 소실되는 수분의 양을 측정하는 방법이다. 아토피성 피부염 환자는 피부 장벽의 기능이 손상되어 정상 피부보다 수분 증발이 심하므로 피부염의 정도를 예측할 수 있다.

건강 식탁은
원칙 있는 주방에서 시작된다

같은 재료를 이용하더라도 어떻게 손질하고 조리하는지에 따라
영양과 맛이 달라진다. 알레르기나 아토피는 특히 식품 섭취에 유의해야
하기 때문에 재료 선별부터 관리까지 신경 써야 한다.
재료 선택과 손질, 맛내기 등에 대해 알아본다.

아토피성 피부염, 절반은 음식 때문에 생긴다

외국의 경우, 아토피성 피부염 환자의 30퍼센트에서 식품 알레르기가 발생하며, 우리나라도 아토피성 피부염 환자의 18퍼센트가 식품 알레르기를 갖고 있는 것으로 집계되었다. 또 아토피성 피부염이 심할수록, 나이가 어릴수록 식품 알레르기 확률이 높다.

어린 나이 아토피는 음식이 주원인

아토피성 피부염의 주요 원인으로는 성인의 경우, 집먼지진드기 같은 흡인성 항원이 지목되지만 나이가 어릴수록 음식물에서 그 원인을 찾을 수 있는 경우가 많다. 특히 출생 후 1년 이내에 아토피성 피부염이 생긴 영유아의 30~50퍼센트에서 식품 알레르기가 중요한 영향을 미치는 것으로 분석된다. 갓난아기들은 면역 기능이 아직 완성되지 않아 음식물의 영향을 많이 받기 때문이다. 영유아기에 음식물 알레르기를 겪게 되면 '알레르기 행진'이 발생할 수 있으므로 아이가 민감한 체질이라면 음식물 관리에 더욱 신경을 써야 한다. 요즘은 아토피성 피부염을 앓고 있는 어린이가 워낙 많다 보니 그에 따른 금지 식품도 제법 홍보가 되어 있다. 이유식을 할 때도 우유나 달걀, 콩, 땅콩, 등 푸른 생선 등을 금하는 가정이 많아졌다. 하지만 이들 식품 중에는 성장기 아이들에게 중요한 영양 공급원이 될 수 있는 것이 많으므로 하나씩 새로운 식품을 시도해 보면서 아이의 신체 반응을 살피는 자세가 필요하다. 더 좋은 것은 알레르기를 유발하는 원인물질을 검사하여 정확히 알고 치료하는 것이다. 가정에서 임의로 알레르기 식품을 추측하여 제한하는 것은 자칫 영양 불균형을 초래할 수 있으므로 주의가 필요하다.

식품은 안전한 것을 구해 깨끗하게 섭취

일반적으로는 식품에 묻어 있는 농약이나 보존제 등이 요주의 대상이다. 농약이나 보존제는 건강한 사람에게도 유해하지만 아토피성 피부염을 앓고 있는 사람에게는 특히 더 위험하다. 채소나 과일은 가급적 유기농으로 먹는 것이 좋다. 또 김치나 된장, 청국장처럼 전통 발효식품을 자주 섭취하는 것도 좋다. 발효식품이라 하더라도 요구르트는 유제품이라 알레르기 발생 빈도가 높기 때문에 피하는 것이 좋다. 알레르기 소인을 아직 발견하지 못했다면 달걀흰자, 밀가루 음식, 육류와 등 푸른 생선, 굴, 조개 등의 어패류, 땅콩이나 호두 같은 견과류는 피한다.

일반적으로 알려진 아토피 주의 식품

- 고기, 육수, 사골을 포함한 육류 일체
- 굴, 조개 등의 어패류
- 라면, 피자 같은 인스턴트식품
- 과자, 사탕, 색소가 함유된 청량음료
- 고등어, 꽁치, 참치, 정어리, 연어 등의 등 푸른 생선
- 우유, 버터, 치즈, 요구르트, 아이스크림 등의 유제품
- 기름진 음식과 튀김류

우리 땅에서 자란 건강하고 못생긴 식품

"엄마, 얘는 왜 이렇게 생겼어요? 아픈가 봐요."
"아픈 게 아니라 건강한 거야."
한 조미료 광고에서 어린 소녀와 어머니가 밭에서 뒤틀리고 못생긴 무를 뽑아 들고 나누는 대화다.
인위적으로 크고 예쁘게 만들어 상품성을 키우는 것이 아니라 자연 그대로 키워 낸 건강한 먹을거리라는
점을 강조하기 위한 광고다.

가장 건강한 식단은 우리 농산물로 만든 전통식

과일은 크고 예쁜 게 맛있다고들 하지만 실제로 땅에서 자란 농산물들은 크고 예쁜 것보다는 작고 못생긴 것들이 건강하고 몸에도 좋다. 척박한 환경을 이겨 내고 스스로 성장한 농산물들은 강인한 생명력을 간직하고 있기 때문이다. 농산물 자급률이 턱없이 낮은 요즘은 우리 땅에서 자란 식품만으로 식탁을 차리는 것이 힘들게 되었다. 〈동의보감〉에는 '사람의 살과 땅의 흙은 같다'는 말이 있다. 사람은 자기가 살고 있는 지방에서 나고 자란 식품을 먹어야 한다는 것을 선조들은 잘 알고 있었던 것이다. 실제로 우리 농산물로 만들고 사계절의 흐름에 따라 익힌 전통식은 한국인의 체질에 가장 잘 맞는다. 더불어 국내에서 생산된 먹을거리는 유통 거리가 길지 않아 방부 처리될 염려가 없다는 것도 장점이다.

농약에 절고 유전자가 변형된 수입농산물

수입농산물의 가장 큰 위험성은 약품 처리에 있다. 현지에서는 유기농으로 재배되었다고 하더라도 수출입 과정에서 발생하는 유해 물질은 막을 도리가 없다. 유전자 변형 식품이 유해하다 아니다는 아직 의견이 분분한 상황이지만 프랑스는 유전자 변형 식품의 수입 자체를 금지시켰을 만큼 대대적인 사회적 파장을 일으켰다. 안전성도 채 검증이 안 된 식품들을 지속적으로 섭취한다면 절대로 건강을 유지할 수 없다. 특히 유전자 조작 식품들은 유전공학적으로 인간이 경험하지 못한 새로운 단백질을 생산함으로써 알레르기 질환을 유발할 가능성이 높다는 주장이 계속 제기되고 있다. 전통적으로 쌀을 주식으로 하던 우리나라 사람들이 허용치보다 수백 배나 많은 농약이 검출되는 수입 밀가루에 알레르기를 보이는 것은 당연한 일이다. 수입 농산물을 배제하고 시장을 보는 일 자체가 쉬운 일이 아닌 지경이 되어 버렸지만 건강을 위해서는 반드시 우리 농산물, 가급적 유기농 식품을 구입하는 것이 좋다.

한국인에겐 역시 한국 전통 발효식품

우리나라의 전통적인 발효식품인 장류는 콩을 이용한 것으로, 각종 아미노산과 비타민B군을 생성하여 성장기의 발육 촉진, 조혈 작용을 돕고 피부를 건강하게 한다. 특히 유산균은 아토피 발병률을 감소시킨다고 알려져 있다. 영국의 한 의학전문지에 따르면 요구르트와 치즈에 들어 있는 유산균-GG 캡슐을 임신부와 신생아에 투여한 결과 유아 습진 위험이 50퍼센트나 감소했다고 한다. 발효식품에 함유되어 있는 비타민E는 항산화 작용을 하여 면역력을 높인다. 이외에도 발효식품은 암 발생률을 낮추고, 설사, 변비 등을 개선해 주며 뼈 건강에 좋아 성장기 어린이에게 좋은 음식이다.

환경의 역습 이겨 내는 중금속 해독 식품

중금속은 아토피 증상을 가진 이들에게 악영향을 미치고 증상을 악화시킨다. 때문에 아토피 어린이들에게는 플라스틱 장난감 보다는 천연목으로 된 나무 장난감을 권하고, 일반 페인트보다는 친환경 페인트로 실내 인테리어를 하라고 조언한다. 그러나 아무리 좋은 물건을 사용한다고 하더라도 도시에서 살다 보면 어쩔 수 없이 조금씩 쌓이는 것이 중금속. 하지만 걱정할 필요는 없다. 일상생활을 하는 도중에 조금씩 몸속에 쌓이는 중금속은 음식물을 통해 해독할 수 있기 때문이다. 우리 생활 속에서 손쉽게 구할 수 있는 재료로 건강한 식생활을 영위하자.

당근 | 비타민A의 대표적인 식품인 당근에는 발암물질을 해독하는 터핀이라는 물질이 들어 있다. 또한 흡연자들에게 부족하기 쉬운 비타민A를 보충하는 데 아주 좋은 식품이다. 비타민A는 지용성 비타민이기 때문에 기름에 볶아 먹는 것이 좋다.

미나리 | 간 질환 환자들 중에는 미나리를 장복하는 사람들이 많은데 미나리는 각종 무기질과 섬유질이 풍부해 간의 독성을 풀어 주기 때문이다. 뿐만 아니라 폐 속에 쌓인 노폐물을 없애는 효과도 탁월해 흡연자에게도 도움이 된다.

양배추 | 양배추는 인스턴트식품에 들어 있는 각종 첨가제와 보존제의 배출을 원활하게 하며 몸이 산성 체질로 바뀌는 것을 막는다. 해독을 원한다면 가급적 날것으로 먹는 것이 좋다.

양파 | 인체에 유입된 독소를 중화하는 유황 성분이 풍부한 양파도 해독 식품이다. 양파는 지방의 흡수를 저해하고 혈액 내에 혈전이 생기는 것을 막아 혈액 순환을 개선하고 성인병을 예방해 주는 효능도 있다.

토마토 | 건강식품으로 알려진 토마토는 비타민과 미네랄이 풍부하여 체내의 활성산소를 없앤다. 루틴 성분이 육류의 지방을 분해하고 콜레스테롤 수치를 낮춰 주기 때문에 혈액을 맑고 건강하게 유지할 수 있다.

단호박 | 단호박은 팩틴을 다량 함유하고 있어 체내의 노폐물을 배출하는 데 큰 도움을 주는 식품이다. 체내의 활성산소를 없애 주기 때문에 각종 질병을 예방하는 효과가 있다.

부추 | 암을 비롯한 거의 모든 질병의 원인이라는 활성산소를 제거하는 것으로 알려져 인기를 얻고 있는 부추. 혈액을 맑게 하며 간의 해독 작용을 도와 피로를 푸는 효과가 뛰어난 식품이다.

마늘 | 대표적인 수은 해독 식품인 마늘에는 알리신과 치오에텔 성분이 풍부한데 이는 항균 작용이 뛰어나 체내의 나쁜 세균을 없애기 때문에 장을 더욱 깨끗하고 건강하게 유지할 수 있다.

연근 | 타닌 성분이 풍부한 연근은 독성을 중화하고 니코틴을 해독하는 데 도움이 된다. 식이섬유가 풍부해 중금속과 나트륨을 배출하는 작용을 한다.

우엉 | 우엉의 리그닌 성분은 중금속을 해독하고 장의 노폐물을 배출한다. 체내에 축적된 독소를 제거하고 피를 맑게 하는 대표적인 식품이다.

매실 | 매실에 들어 있는 칸텐킨산은 장내 살균력을 높여 나쁜 균의 번식을 막아 주고 피크린산 성분은 음식물의 독성을 제거한다. 매실은 우리 몸을 깨끗하게 청소하는 식품으로 식중독이나 배탈에도 효과가 좋다.

표고버섯 | 면역기능을 강화하여 독소 배출을 원활하게 하는 표고버섯은 혈중 콜레스테롤 수치를 낮춰 성인병을 예방하기도 한다. 철분도 풍부하게 함유하여 빈혈을 개선하고 소화기관도 튼튼하게 한다.

북어 | 음주 후 해독에 가장 좋다는 북어국. 실제로 북어에는 알라닌, 글리신 등의 아미노산이 풍부하게 함유되어 있어 알코올을 분해하고 간을 보호한다. 아스파라긴산이 풍부한 콩나물과 함께 국을 끓이면 해독 효과가 배가된다.

해조류 | 해조류는 비타민과 무기질이 풍부해 피를 맑게 하며, 알긴산이 농약이나 식품첨가물, 발암물질을 배출하는 작용을 한다. 특히 파래와 다시마는 니코틴을 해독하고 폐 점막을 재생하는 기능을 하기 때문에 흡연자들에게 좋은 해독 식품이다.

돼지고기 | 가장 잘 알려진 해독 식품은 돼지고기다. 돼지고기는 수은과 납 해독에 뛰어난 효과를 보인다. 특히 공기 중의 미세 먼지나 오염 물질을 흡착하여 배출하는 작용을 하기 때문에 공사장에서 일하는 사람들이 즐겨 먹으며, 황사가 심한 때도 찾는 사람이 많다.

녹차 | 녹차에 들어 있는 식이섬유와 엽록소가 다이옥신의 흡수를 억제하고 배출 작용을 원활하게 한다. 타닌 성분이 니코틴과 결합하여 몸 밖으로 배출되므로 흡연자들에겐 가장 좋은 음료라고 할 수 있다.

청국장과 된장 | 청국장과 된장은 체내에 축적된 독소와 노폐물 배출을 촉진하는 대표적인 식품으로 최근에는 냄새 없는 분말이나 환으로도 상품화되고 있다. 이들 식품은 장내 유익균을 활성화하여 노폐물과 숙변을 배출하는 데 탁월한 효능을 보인다.

녹두 | 예부터 녹두는 이뇨작용을 원활하게 하여 해독 작용을 하는 것으로 알려져 있다. 뿐만 아니라 몸 안에 쌓여 있는 노폐물과 중금속을 배출하는 해독 효과도 높다. 특히 카드뮴을 해독하는 효과가 큰데, 숙주나물 속에는 아스파라긴산도 풍부해 숙취 해소에도 도움이 된다.

식품첨가물과 인스턴트식품의 위험성

인스턴트식품과 식품첨가물의 위험성이 드러나면서 과자에 사용된 첨가물이 아토피성 피부염을 유발한다는 사실이 많이 알려졌다. 그러나 아이들에게 과자를 금지하는 것 자체가 거의 불가능한 현실을 두고 보자면 부모들의 불안감은 커질 수밖에 없다. 아직 면역력이 약한 데다 한창 성장기에 있는 아이들이 인스턴트 식품을 지속적으로 먹으면 영양 불균형과 각종 질병을 초래해 성장과 발달을 저해할 수 있기 때문이다. 이런 문제는 비단 어린이들에게만 국한되는 것은 아니다. 최근 들어 성인들에게서도 아토피성 피부염이나 여드름, 각종 알레르기가 발생하고 있는 것에 대해 인스턴트식품이 상당 부분 공여하고 있다는 연구 자료가 지속적으로 보고되고 있다.

식품첨가물, 면역력 약한 어린이에게 더 위험

식품첨가물과 인스턴트식품이 문제가 되는 건 이들 물질이 인체의 균형을 깨고 암을 비롯한 다양한 질병을 불러일으키기 때문이다. 특히 성장기 어린이들은 신체적, 정신적 성장에 해악을 입을 수 있다. 인스턴트식품에 들어가는 각종 식품첨가물과 설탕, 방부제를 지속적으로 섭취하면 주의력이 약해지고 욕구불만이 쌓여 난폭해진다. 어린이들은 성인에 비해 면역력이 약하고 자제력이 부족하다 보니 훨씬 위험하다. 가정에서 식품첨가물의 섭취를 줄이려면 조미료나 인공 소스를 퇴출하고 다시마, 멸치, 버섯 등으로 천연조미료를 만들어 사용해야 한다. 식품을 구입할 때는 반드시 재료의 원산지와 식품첨가물의 내용을 확인하는 것이 좋다. 훈제가공식품이나 어묵은 되도록 먹지 않도록 하되 어쩔 수 없이 먹는다면 조리 전에 끓는 물에 한 번 데쳐서 가공할 때 사용된 식품첨가물을 털어낸다.

영양소가 부족한 정크 푸드

정크 푸드(junk food)는 패스트푸드나 인스턴트식품처럼 지방, 설탕, 소금, 식품첨가물 등이 들어 있어 열량은 높은 반면 비타민과 무기질, 섬유소 등의 필수 영양소가 부족한 식품을 통틀어 가리키는 말이다. 탄산음료, 과지방 과자, 햄버거나 감자튀김 같은 패스트푸드가 대표적인 정크 푸드로 손꼽힌다. 정크 푸드는 암, 당뇨병, 심장 질환 같은 생활습관병을 불러일으킬 수 있으며 충치나 비만을 비롯한 각종 성인병의 원인이 된다.

정크 푸드에 맞선 브레인 푸드

브레인 푸드는 두뇌뿐 아니라 인체의 전반적인 건강과 균형을 유지하는 슬로푸드를 중심으로 구성된다. 영국을 중심으로 번지고 있는 브레인 푸드 운동 지지자들은 패스트푸드와 인스턴트식품 같은 고지방식을 벗어나 하루에 다섯 번 이상 채소와 과일을 섭취하자고 주장하고 있다. 이들이 말하는 진정한 브레인 푸드란 각 두뇌 활동에 필요한 단백질, 지방, 탄수화물, 비타민과 미네랄을 골고루 함유하고 있는 식품으로, 한마디로 두뇌를 젊고 건강하게 만드는 음식을 가리킨다. 기억력을 좋게 하고 우울증을 없애는 등 푸른 생선과 견과류, 뇌의 노화를 늦춰 사고력을 기르는 녹황색 컬러푸드, 스트레스 해소에 도움을 주는 비타민 등이 대표적인 예이다.

만들고 먹는 데도 계획과 목표가 필요하다

개인과 가정의 경제를 원활하게 이끌고 성장시키기 위해서는 재테크가 필요한 것처럼, 아토피로부터 벗어나 건강한 삶을 영위하기 위해서는 음식을 만들고 먹는 데도 계획과 목표가 필요하다. 아토피에 가장 직접적인 영향을 미치는 것이 바로 음식이기 때문이다. 알레르기 반응을 일으키는 식품을 섭취할 경우 피부염 이나 장염 등을 일으키는 것은 물론 심하면 발열, 구토, 호흡곤란 등 생명을 위협하는 극단적인 반응이 일어날 수 있으므로 각별한 주의가 필요하다.

신선한 음식으로 날마다 건강하게

우리는 날마다 평균 1.5kg의 음식을 섭취한다. 1년이면 600kg에 해당하는 양으로, 일생에 걸쳐 50톤 정도의 음식을 먹는다. 그런데 놀랍게도 이 중 배설되는 양은 10톤 정도에 불과하다. 결국 우리 몸은 40톤이라는 엄청난 양의 음식물을 흡수하여 에너지로 활용한다는 얘기다. 하지만 정작 중요한 것은 우리가 섭취하는 음식의 양이 아니라 질이다. 사람이 섭취하는 음식의 질은 그 사람의 삶의 질을 보여 주는 척도가 된다. 날마다 고기를 먹거나 최고급 재료로 냉장고를 채우라는 얘기는 아니다. 우리 몸에 가장 좋은 식재료인 제철에 난 싱싱한 채소와 과일을 섭취하라는 얘기다. 제철 식품은 가격도 저렴하지만 무엇보다 영양이 풍부해 건강에 좋다.

무계획적 외식은 자제

외식이 잦은 현대인의 생활 패턴에 젖어서 지내다 보면 생각 없이 회식을 하고 습관적으로 고깃집으로 발길을 향한다. 특히 직장인들의 경우, 일주일에도 몇 번씩 기름진 음식과 술을 먹는다. 이렇게 무계획적으로 사람들이 이끄는 대로, 상황에 따라 주어지는 대로 먹고 마시다 보면 알레르기와 아토피가 심해지는 것은 물론, 각종 성인병에 비만으로 건강을 망치게 된다. 알레르기와 아토피를 다스리고 건강을 지키기 위해서는 잘 소화시킬 수 있으며 가볍고 기분이 좋아지는 음식을 계획적으로 먹어야 한다. 특히 알레르기와 아토피가 있는 사람들은 외식을 자제하고 최대한 계획적으로 만들고 먹는 습관이 중요하다. '밥상이 약상' 이라는 사실을 잊지 말자.

아토피 대처 식단 짜기

사람마다 다르지만, 일반적으로 알레르기 반응을 일으키기 쉬운 식품으로는 새우, 생선, 조개류, 콩류, 밀가루, 달걀흰자 등을 들 수 있다. 이들 식품은 식단에서 배제하고 한 가지씩 조금씩 시도하며 반응을 살펴 알레르기 원인 식품을 정확하게 확인해 둘 필요가 있다. 특정 식품에 알레르기 반응을 보인다면 같은 식품군에 속한 다른 식품도 위험할 수 있다. 우유에 알레르기를 갖고 있다면 요구르트, 생크림, 버터, 치즈 등에도 유사한 반응이 일어날 수 있으므로 피하는 것이 좋고, 소량의 우유가 함유된 빵, 쿠키, 케이크 등의 식품에도 주의를 기울여야 한다. 하지만 이들 식품 모두 성장과 영양 섭취에 매우 중요한 식품이므로 비슷한 영양소를 갖고 있는 다른 식품으로 대체해서 식단을 짜야 한다. 우유에 알레르기가 있다면 우유 대신 닭고기나 콩류를 통해 단백질을 섭취하고 달걀에 알레르기가 있다면 쇠고기를 선택하는 식이다. 알레르기가 있는 사람들은 관련 식품을 완전히 멀리하려는 경향이 있어 자칫 영양부족을 초래할 수 있으니 어느 한쪽으로 영양이 치우치거나 넘치지 않도록 각 영양소가 골고루 포함된 식단을 짜야 한다.

싱싱하고 깨끗하게, 건강한 재료 손질법

식품을 손질할 때는 잔류 농약을 비롯한 중금속 오염 물질을 최대한 씻어내는 데 중점을 두어야 한다.
그러면서도 영양소 파괴를 최소화하는 방법을 익혀 두면 보다 건강한 식탁을 차릴 수 있다. 특히 가정에
나이가 어리거나 아토피가 있는 사람이 있다면 잔류 농약과 각종 첨가물을 제거할 수 있는 제독법을 익혀
두어야 한다.

과일 씻기

농약은 껍질 바로 속 부분까지 침투하므로 예민한 사람들은 껍질을 벗기고 먹는 것이 좋다. 그렇지 않은 경우 소금물에 15~20분 정도 담갔다가 흐르는 물에 씻어 먹는다. 소금물의 농도는 물 4리터에 소금 두 숟가락 정도 넣으면 알맞다. 딸기처럼 표면이 무른 과일은 박박 씻지 못하니 체나 바구니에 담아서 흐르는 물에 5분 정도 담가 둔 뒤 5~6회 정도 헹구어 물기를 거두고 꼭지를 따서 섭취하도록 한다. 사과나 배같이 껍질을 벗겨 먹는 과일은 세척후 껍질을 벗겨 먹으면 좋은데 지나치게 색깔이 지나고 표면이 반짝이는 것은 고르지 않는 것이 좋다. 참외, 수박같이 껍질이 두껍고 굳이 껍질을 먹지 않는 과일은 껍질을 두껍게 벗겨 먹으면 좋다. 복숭아나 홍시같이 물러지기 쉬운 과일은 흐르는 물에 씻은 후 껍질을 벗겨 내고 먹는 것이 좋다.

해물 손질하기

알레르기가 있는 사람은 해물을 선택할 때 특별히 주의를 기울여야 한다. 갑각류나 조개류, 등 푸른 생선은 가급적 피하는 것이 좋고 기름기가 적은 흰 살 생선을 중심으로 고른다. 조기, 병어, 갈치 정도면 무난하다. 생선에 별다른 알레르기가 없는 경우에는 무를 함께 넣어 조림을 해 먹으면 좋다. 또 토막 낸 생선을 구입한 경우 물에 소금을 연하게 풀고 살살 흔들어 씻어서 조리한다. 조개류는 흐르는 물에 씻은 후 소금물에 반나절 정도 담가 해감을 제거한 후 사용하고 새우는 소금물에 살살 흔들어 씻은 후 머리를 떼고 껍질을 벗긴다. 게는 껍질을 박박 문질러 닦고 물로 씻어 낸 뒤 아가미를 떼고 토막을 내 가위로 손질한다.

채소 씻기

생으로 먹는 잎채소나 뿌리채소는 되도록 제철의 유기농산물을 구입하도록 하고 손질법에 유의하여 조리하여야 한다. 배추, 양배추, 양상추 등의 포기로 이루어진 채소들은 바깥쪽 잎을 벗겨 내고 적당한 크기로 썰거나 뜯어 찬물에 여러 번 헹구어 사용하여야 자른 줄기의 단면에서 여러 가지 오염 물질이 빠져나갈 수가 있다. 감자나 고구마, 무, 토란, 우엉, 당근 같은 뿌리채소들은 흐르는 물에 스펀지를 이용하여 여러 번 씻어서 껍질을 두껍게 벗기고 사용한다. 상추나 깻잎, 치커리 등의 잎채소들은 흐르는 물에 여러 번 씻은 후 식초물에 5분 정도 담그고 세척하여 먹는다. 대파나 양파는 농약을 많이 치는 채소이므로 표면의 껍질을 벗겨 내고 사용한다. 버섯류는 농약 사용이 거의 없는 온실이나 삼림에서 자라므로 가볍게 닦거나 흐르는 물에 씻는 것이 좋다. 너무 물에 오래 담가 두면 풍미가 나빠지니 주의한다.

육류 손질하기

쇠고기는 깨끗한 물에 담가 핏물을 제거한 뒤에 사용하고 닭고기는 껍질과 지방을 잘 제거한 뒤에 조리하는 것이 좋다. 돼지고기는 쇠고기에 비해 수분이 많아 부패와 변색이 빠르기 때문에 가급적 빨리 조리하거나 냉동 보관한다. 곱창은 소금과 밀가루를 넣어 주물러 씻으면 깨끗하게 씻을 수 있다. 육류를 손질할 때는 위생장갑을 끼는 것이 좋으며 손질 뒤에는 고기가 닿았던 칼이나 도마 등을 뜨거운 물로 잘 씻어서 보관해야 한다.

아토피 증상 완화하는 저자극 조리법

아토피 식단에서 가장 중요한 점은 알레르기의 원인 물질이 되는 식품을 제한하고 소화와 흡수가 빠르게 되는 저자극 조리법을 선택해 조리해야 한다는 것이다. 식탁에 오르는 음식을 고르는 것에도 원칙을 분명하게 세워 두어야 한다. 또 대체할 수 있는 식품에 대한 정보를 충분히 알아보고 꼼꼼히 챙기는 것이 좋다.

화학조미료 섭취를 제한한다

화학조미료가 몸에 좋지 않다는 것을 잘 알면서도 간편하게 맛을 내기 위해 조미료를 사용하는 경우가 많다. 시판 조미료나 양념은 염분과 당분이 많으며 자극적인 풍미가 있어 한번 길들면 벗어나기 어려우니 처음부터 아예 쓰지 않는 게 좋다. 대신 잣가루, 표고버섯가루, 호두가루, 북어가루, 발아현미가루 등 다양한 곡류를 가루로 만들어 두면 무침, 국 등에 활용도가 높다. 천연조미료는 향과 맛이 깊기 때문에 요리할 때 처음이나 중간부터 넣어 우려내면 깊은 맛을 느낄 수 있다.

찜기의 사용을 늘린다

어떤 재료를 준비했건 일단 찜 요리부터 생각해 본다. 찜 요리는 튀기거나 부치는 조리법에 비해 칼로리가 훨씬 낮으며, 음식 고유의 맛과 양분을 보존하는 데도 매우 훌륭한 조리법이다. 채소는 물론, 육류 요리, 생선 요리도 찜이 좋다. 찜기를 사용하기 편리한 곳에 비치해 두고 수시로 활용하도록 한다.

단백질은 여러 가지 식품에서 섭취한다

알레르기나 아토피 환자들은 섭취하는 식품에 많은 제한을 받다 보니, 음식을 가려 먹어 제대로 된 영양을 섭취하지 못하는 건 아닐까 걱정을 하는 경우가 많다. 성장기 어린 자녀의 단백질과 칼슘 공급이 염려된다면 싱싱한 잎채소와 버섯류, 현미잡곡밥, 해조류 등으로 양질의 단백질과 칼슘을 보충해 주는 것이 좋다.

대체 식품 조리법을 개발한다

제한하는 식품이 많을수록 영양 결핍의 우려도 커지므로 영양과 입맛을 지켜줄 만한 재료와 조리법을 연구해야 한다. 고기 대신 생선으로 만두 속을 채우거나 잡채에 고기 대신 표고버섯을 넣는 등 비슷한 모양을 만들거나 비슷한 식감을 내는 재료로 대체하는 것이다. 스파게티에도 팽이버섯을 넣으면 밀가루의 섭취를 줄일 수 있다.

소화 흡수 돕기

음식을 만들 때는 그 식품이 가장 쉽게 소화·흡수될 수 있도록 조리하는 것이 원칙이다. 시금치, 당근, 피망 같은 녹황색 채소는 날것이나 데쳐서 무치는 것보다는 기름에 살짝 볶아서 먹는 것이 카로틴의 흡수를 좋게 한다. 콩의 단백질은 콩 그대로 먹는 것보다 두부로 만들어서 먹거나 된장으로 섭취하면 훨씬 흡수율이 높다. 견과류는 가루를 내어 샐러드 등에 양념으로 뿌려 먹으면 좋다. 현미나 보리, 율무 같은 통곡물은 비타민을 비롯해 무기질과 미네랄이 풍부하지만 소화율이 낮기 때문에 밥을 짓기 전에 충분히 물에 불려야 한다. 다시마나 미역 같은 해조류를 조리할 때는 미리 물에 담갔다가 조리해야 염분을 줄일 수 있으며, 식초와 함께 먹으면 당질의 대사를 억제할 수 있어 효과적이다.

백미, 백설탕, 밀가루의 삼백을 멀리한다

하얀 쌀과 설탕, 밀가루 등 하얗게 가공된 식제품은 건강에 좋지 않다. 가공 과정에서 표백이나 약품 처리가 이루어지기 때문에 면역력이 약한 경우라면 알레르기나 아토피 증상이 나타날 수도 있다. 단, 밀가루의 경우 요즘 유기농 밀가루와 우리밀로 만든 밀가루가 시판되고 있어 집에서도 건강한 밀가루를 사용할 수 있게 되었다. 우리밀가루나 유기농 밀가루는 일반 밀가루에 비해 유통기간이 짧기 때문에 구입할 때 꼼꼼히 체크하도록 한다.

맑고 밝은 주방이 건강한 식탁을 만든다

주방은 건강을 위한 음식을 조리하는 공간인 동시에 부패와 오염의 원인이 되는 온갖 물질이 상존하는 곳이므로 철저한 위생 관리가 필수적이다. 또 주방은 집의 구조상 어둡거나 환기가 원활하지 않은 곳에 배치될 가능성이 높으므로 조명과 환기에 항상 주의를 기울여야 한다. 주방이 밝고 맑아야 주방에서 나오는 음식도 건강하다는 것을 기억하고 주방을 집에서 가장 청결한 공간으로 만들어 가자.

싱크대 배수구 청소하기

위생 관리에 가장 신경을 써야 하는 부분은 싱크대 배수구다. 배수구는 음식물 찌꺼기와 물때가 끼어 곰팡이와 세균이 서식하기 좋은 환경을 만들기 때문이다. 배수구 냄새와 세균을 제거하려면 이물질을 제거한 후 끓는 물을 배수구에 붓는다. 설거지를 마칠 때마다 배구수를 청소해 주면 지독한 물때가 끼는 것을 예방할 수 있다.

싱크대 선반의 악취 없애기

충분히 건조되지 않은 식기를 선반에 두면 냄새가 나거나 곰팡이가 생길 수 있다. 특히 튀김용 나무젓가락이나 나무주걱, 절구공이처럼 나무로 된 물건은 곰팡이의 온상이 될 수 있으므로 보다 철저한 관리가 필요하다. 싱크대 선반에서 냄새가 날 때는 그릇을 전부 꺼내고 중성세제를 이용해 꼼꼼히 닦아 낸 다음 알코올을 희석한 물로 한 번 더 닦는 것이 좋다. 또 청소한 뒤에 물기가 남아 있으면 금세 다시 냄새가 나니 마른걸레로 충분히 닦고 문을 열어 환기를 시킨다. 양념이나 음식물이 쏟아지기 쉬운 가스레인지 주변과 양념 수납장 등은 수시로 청소하고 건조하게 유지한다.

냉장고 내부 청소하기

냉장고는 관리를 소홀히 하면 세균의 온상이 될 수 있다. 한 달에 한 번쯤은 콘센트를 빼고 냉장고 안의 음식물을 모두 꺼낸 뒤 대청소를 해 주는 것이 좋다. 채소 박스와 선반도 빼서 물로 닦는 것이 좋은데, 부드러운 수세미에 주방용 세제를 묻혀서 닦고 마른행주로 마무리한 뒤 햇빛에 말린다. 냉장고 내벽은 행주에 식초를 묻혀 닦은 후 미지근한 물로 한 번 더 닦고 소독용 알코올로 마무리한다.

가스레인지와 후드 청소하기

가스레인지에서 분리되는 삼발이는 따뜻한 물에 불려서 주방용 세제로 닦고 버너 부분의 구멍은 이쑤시개를 이용해 먼지를 제거한다. 가스관이나 호스 등은 주방용 세제를 묻힌 키친타월을 붙여 놓았다가 뜨거운 물로 닦아 낸다. 생선 그릴에 비린내가 배었을 때는 그릴이 식기 전에 받침판의 물을 버리고 소다로 닦으면 생선기름을 빨아들여서 냄새를 없앤다. 가스레인지 후드는 조리 후 따뜻할 때 청소하는 것이 좋은데, 뚜껑을 분리한 뒤 필터를 제거하고 세척한 다음 걸레로 닦는다. 깨끗한 물로 헹군 후 마른걸레로 닦고 필터를 교환한다.

방심하기 쉬운 식기와 조리도구 관리하기

날마다 사용하는 칼과 도마를 비롯해 프라이팬, 식기까지 조리도구를 청결하게 관리해야 건강을 약속할 수 있다. 싱크대 앞에 걸어 둔 조리도구에 설거지물이나 세제가 튀면 음식에 오염 물질이 유입될 수 있고, 조리도구를 충분히 세척하고 소독하지 않으면 곰팡이와 세균이 서식할 수 있다.

식기와 행주 관리

설거지를 마친 뒤에 행주를 빨아서 수도꼭지나 건조대 위에 널어 두면 행주는 물론 식기까지 오염될 수 있다. 식기는 세척한 뒤에 겹치지 않게 늘어놓아 물기를 충분히 말리고 식기세척기를 사용하지 않을 때는 2~3일에 한 번씩 뜨거운 물로 열탕 소독을 하는 것이 좋다. 설거지를 마치면 행주를 깨끗이 빨아 전자레인지 넣고 '행주 소독' 코스를 이용하거나 2분 정도 가열한다.

칼과 도마 관리

도마는 자칫 방심하기 쉬운 도구다. 그러나 폐렴이나 뇌막염 같은 질병을 유발할 수 있는 세균이 서식하고 있기 때문에 위생 관리에 관심을 기울여야 한다. 알레르기가 있는 식품을 손질한 도마에서 다른 식품을 손질하면 식품의 성분이나 오염 물질이 전이될 수 있다. 특히 날고기를 손질한 도마를 대강 물로 씻고 알레르기 환자의 식사를 준비하는 것은 위험천만한 일이다. 가급적 도마는 날것, 익힌 것 전용으로 나누어서 사용하고 육류나 어패류는 따로 사용하는 것이 좋다. 또 사용한 뒤에는 반드시 살균을 한다.

냄비와 프라이팬 닦기

냄비와 프라이팬에는 찌든 때가 생기기 쉽다. 냄비나 프라이팬에 기름때가 찌들어서 잘 안 닦일 때는 하루 정도 햇빛에 내놓았다가 닦으면 잘 벗겨진다. 또 뜨거울 때 소주를 부어서 키친타월로 닦으면 깨끗하게 사용할 수 있다. 프라이팬에 기름때가 끼는 것은 당연하다는 생각을 버리고 항상 청결하게 관리해서 묵은 때가 생기지 않도록 한다.

플라스틱 밀폐 용기 관리

플라스틱으로 된 밀폐 용기는 음식물의 냄새나 색이 배어 장기간 사용하기 어렵다. 용기에서 냄새가 날 때는 쌀뜨물을 받아 담가 두면 좋고, 뚜껑이나 패킹 부분에 낀 음식물 찌꺼기는 솔로 깨끗하게 씻은 다음 식초를 희석한 물에 담가 두면 소독이 된다. 플라스틱 용기는 환경호르몬 유출의 위험이 높기 때문에 뜨거운 음식물을 담아서는 절대 안 되며, 가급적 사용하지 않는 것이 좋다.

일회용품 주의

주방에서 흔히 쓰는 위생 봉지나 랩, 일회용 장갑 등을 잘못 관리하면 오히려 세균을 불러들일 수 있다. 음식물이 묻은 손으로 만지거나 먼지가 쌓일 수 있는 곳에 아무렇게나 펼쳐 두면 안 된다. 음식물을 위생적으로 관리하기 위해서 사용하는 것이 오히려 역효과를 내는 것이다. 손톱에 매니큐어를 발랐을 때나 손에 상처가 있을 때는 반드시 일회용 장갑을 끼고 조리하는 것이 좋은데, 일반 비닐장갑보다는 천연 라텍스 일회용 장갑을 사용하는 것이 좋다.

엄마가 잊지 말아야 할 아이를 위한 건강한 밥상 지침

- **유기농산물, 자연 방목 고기와 달걀, 우유를 먹인다**

식물이나 동물을 위한 성장호르몬은 아이의 성장 속도를 빠르게 하나, 소아골다공증을 일으킬 수 있고 면역 체계를 교란시키기도 한다. 대량 투여되는 항생제와 약품 피해도 우려된다.

- **철에 맞는 음식을 먹이도록 한다**

차가운 계절에는 따뜻한 성질의 음식이, 뜨거운 계절에는 차가운 성질의 음식이 건강에 좋은데 제철 식품을 골라 조리해 먹이면 일일이 성질을 따질 필요가 없다.

- **과일이나 채소는 여러 번 씻어 먹인다**

과일과 채소를 식초물에 5~10분 정도 담갔다가 여러 번 씻으면 잔류 농약의 80퍼센트 이상이 녹아 나온다.

- **유리그릇, 질그릇, 스테인리스 그릇을 사용한다**

손상된 법랑, 코팅 그릇과 알루미늄, 플라스틱 그릇은 카드뮴, 납, 톨루엔, 비스페놀A 등의 중금속과 환경 호르몬 오염이 우려된다.

- **가공식품은 되도록 먹이지 않는다**

식품첨가물이 다량 들어가 각종 알레르기를 발생시키고 면역력을 떨어뜨린다.

- **사과, 보리, 해조류를 먹인다**

풍부한 섬유질과 각종 유기산이 들어 있어 방사선 오염 및 중금속 물질의 배출을 돕는다.

- **사과, 자두, 바나나 등은 폐 기능을 좋게 한다**

펙틴이 함유된 식품은 납의 흡수를 막고 중금속을 몸 밖으로 배출한다.

- **오이, 셀러리, 과일, 콩 등을 먹이면 장을 깨끗하게 할 수 있다**

유독 물질을 배출하는 칼륨 성분과 섬유질이 풍부하여 장내 유해 물질의 배출을 돕는다.

- **백설탕이나 물엿으로 요리하지 않는다**

표백 성분이 들어 있어 면역 체계를 손상시키고 천연의 단맛을 싱겁게 느끼도록 만든다.

- **지방이 많은 고기나 버터, 크림, 치즈 등을 많이 먹이지 않는다**

환경이 오염되고 영양 상태가 좋은 지금은 고기나 지방성 유제품이 더 이상 단백질 공급원이 아니다. 화학물질과 중금속의 축적물이며 지방 덩어리의 급원일 뿐이다.

알레르기, 아토피 안심, 우리 아이 생배식품

- **검은깨**

섬유질과 칼슘이 풍부하여 뼈를 튼튼하게 하고 장을 이롭게 한다. 단 너무 많이 먹으면 설사를 할 수 있다.

- **검은콩**

신장을 튼튼하게 하고 소아비만을 예방한다. 검은깨와 섞어 먹으면 효과가 더 좋다.

- **표고버섯**

에르고스테린이 풍부하여 뼈를 튼튼하게 한다. 기를 잘 소통시키고 면역력을 높인다.

- **우엉**

신장 기능을 돕고 소염, 항암작용이 있어 피부병과 아토피에 좋다. 섬유질이 풍부해 배설작용을 도우나 소화력이 약한 아이에게는 좋지 않다.

- **연근**

비, 위장 기능을 도와 소화를 활발히 한다. 코피가 자주 나는 아이는 생연근즙이 좋다.

- **감자**

위장을 편안하게 하고 기를 보하는 작용을 한다. 비타민도 풍부한데 가열해도 파괴가 잘 되지 않는다.

CHAPTER 03

밥 한 그릇 뚝딱!
국& 찌개요리

아토피가 있는 아이들은 신경이 예민하고 짜증이 잦아 밥투정도 많다.
성장과 건강을 위해서는 하루 세 끼 규칙적으로 식사하는 습관이 중요하니
아이들이 좋아하는 국과 찌개로 입맛을 사로잡아 보는 건 어떨까.
제철에 나는 재료를 이용한 영양이 풍부한 국과 찌개를 추렸다.

청포묵미나리국 봄

녹두로 만든 청포묵은 말랑하고 맛이 담백하여 아이들이 먹기에 좋은 식재료이다. 게다가 해독 청열
작용이 뛰어나 아토피로 고생하는 아이들의 해독 식품으로 좋다. 청포묵에 중금속과 기타 오염 물질을
해독하는 미나리까지 곁들이면 아이들뿐만 아니라 잦은 외식으로 망가진 남편의 해독 메뉴로도 좋다.

1 청포묵은 4센티미터 길이의 나무젓가락 모양으로 썬다.

2 미나리는 줄기만 다듬고 3~4센티미터 길이로 썬다.

3 불린 표고버섯은 곱게 채 썰어 분량의 양념으로 밑간한다.

4 양념한 표고버섯을 냄비에 볶아 노릇하게 익힌 후 다시마물을 붓는다.

5 국물이 끓으면 썰어 놓은 묵을 넣어 중간 불에서 끓이다가 분량의 참기름을 넣고 국간장으로 간을 맞춘다.

6 마지막으로 미나리와 실고추를 넣고 한소끔 끓으면 바로 불에서 내려 그릇에 담아낸다.

미나리는 살짝 데쳐 질기지 않게

미나리는 오래 끓이면 질겨지고 향이 없어지므로 마지막에 넣고 살짝만 끓인다. 미나리의 향을 싫어한다면 양을 줄여 넣거나 살짝 데친 후 마지막에 넣어 향이 많이 우러나지 않도록 한다.

냉이된장찌개 봄

냉이는 단백질과 비타민A, B, C가 고루 풍부해 겨울철 부족했던 단백질과 비타민을 보충하기 좋은
식품이다. 성질이 뜨겁거나 차갑지 않아 모든 체질에 고루 잘 맞고 단맛이 있어 몸이 약하고 소화기관이
좋지 않은 아이들의 보양식으로 좋다.

재료

냉이	100g
두부	1/4모
불린 표고버섯	2장
애호박	1/4개
양파	1/4개
대파	1/2대
청고추	1개
홍고추	1/2개
참기름	1작은술

국물과 양념

다시마물	3컵
된장	2큰술
소금	약간

1 냉이는 여러 번 헹구어 씻어 체에 밭친 후 너무 큰 것은 두세 가닥으로
　 길게 포기를 나눈다.
2 두부는 한입 크기로 썰고 불린 표고버섯은 은행잎 모양으로 썬다.
3 애호박은 7밀리미터 두께의 은행잎 모양으로, 양파는 사방 2센티미터
　 크기로 썰고 대파와 청, 홍고추는 어슷하게 썬다.
4 냄비에 불린 표고버섯과 참기름을 넣고 달달 볶다 다시마물을 붓고 끓인다.
5 물이 끓어오르면 애호박과 양파를 넣은 후 된장을 고루 푼다.
6 한소끔 끓어오르면 고추와 대파를 넣고 한소끔 더 끓인다.
7 맛이 어우러지면 냉이와 두부를 넣고 소금으로 간을 맞춘다.

 **억센 냉이는 데쳐서 사용**
냉이의 향을 살리려면 마지막에 살짝 넣는 것이 좋다. 초봄의 여린 냉이는 생
으로 국에 넣어도 좋지만 늦봄의 억센 냉이는 끓는 물에 데쳐서 국에 넣도록
한다. 아이들에게만 먹이려면 고추는 넣지 않는 것이 좋다.

애호박조갯살된장찌개 여름

제철 재료는 농약이나 약품 처리를 하지 않아도 잘 자라기 때문에 아토피로 고생하는 아이들은 제철 재료를 깐깐하게 찾아 먹이는 것이 좋다. 초여름, 칼만 대어도 단물이 뚝뚝 떨어지는 애호박과 분이 많은 감자는 단맛 또한 강해 입맛 없는 여름에 아이들 식재료로 손색이 없다.

재료

애호박	1개
감자	1개
대파	1/2대
청, 홍고추	1개씩
된장	1큰술
다진 마늘	1/2큰술
멸치가루	1/2큰술
조갯살	1/2컵

국물과 양념

쌀뜨물	3컵
된장	1큰술
고추장	1/2큰술
국간장	약간
다시마	1쪽

1 애호박은 잘 씻어 5밀리미터 두께의 반달 모양으로 썬다.

2 감자는 껍질을 벗겨 반달 모양으로 썰고 대파와 고추는 어슷하게 썬다

3 애호박과 감자를 된장, 다진 마늘, 멸치가루에 버무려 놓는다.

4 조갯살은 옅은 소금물에 이물질을 골라 가며 씻는다.

5 냄비나 뚝배기에 쌀뜨물을 붓고 된장과 고추장을 넣어 끓이다가 나머지 재료를 다 넣고 애호박과 감자가 흐물흐물하게 익을 때까지 푹 끓여 낸다.

취향 따라 변하는 고추장과 된장의 양

고추장을 약간 넣으면 된장의 텁텁함이 없어지는데 매운 것을 잘 먹지 않는 아이라면 고추장 대신 된장의 양을 늘려 넣는다. 애호박과 감자에 미리 밑간을 하여 끓이면 빠른 시간 안에 깊은 맛의 된장찌개를 끓일 수가 있다.

오이콩나물냉국 

수분이 많아 열을 내리고 칼륨 같은 무기질이 풍부해 몸속의 노폐물을 잘 배출시키는 오이는 여름철 아이들의 해독 건강식품으로 권장할 만하다. 더운 여름, 뜨거운 국보다는 입맛을 살리는 냉국으로 아토피와 싸우는 아이들의 건강을 다진다.

재료

콩나물	100g
오이	1개
통깨	약간

양념

설탕	1작은술
통깨	1작은술
참기름	1작은술
소금	약간

국물

다시마물	3컵
식초	2큰술
설탕	1큰술
소금	1작은술

1 다시마물에 식초, 소금, 설탕을 넣고 간을 하여 냉동실에 살얼음이 얼 정도로 얼린다.

2 콩나물은 뿌리만 살짝 다듬어 잘 씻고 끓는 소금물에 살짝 데쳐 식힌다.

3 오이는 잘 씻어 껍질을 대충 벗기고 5센티미터 길이로 곱게 채 썬다.

4 오이와 콩나물을 분량의 양념 재료로 살살 무친다.

5 그릇에 오이와 콩나물을 담은 다음 냉국 물을 붓고 통깨를 뿌려 낸다.

냉국 오이는 아삭하게

오이를 살짝 소금에 절였다가 꼭 짠 후 넣으면 아삭한 맛이 나서 좋다. 콩나물 대신 씻은 김치를 넣고 냉국을 만들어도 맛있다.

버섯맑은국 

가을

각종 항암 성분과 섬유질이 풍부한 버섯은 대표적인 해독 식품이다. 성장 조건만 맞추어 주면 농약
없이도 잘 자라기 때문에 환경호르몬과 기타 약품의 공격으로부터 취약한 아이들에게 고기 대용으로
먹일 만한 건강식품이다.

재료

생 표고버섯 ·····················3개
느타리버섯 ·····················100g
팽이버섯 ·····················1/2봉지
양파 ·····················1/4개
쪽파 ·····················2대

표고버섯 양념

참기름 ·····················1큰술
다진 마늘 ·····················2작은술
국간장 ·····················2작은술

국물 양념

다시마물 ·····················5컵
다진 마늘 ·····················1큰술
국간장 ·····················2작은술
소금 ·····················약간

1 표고버섯 갓은 채 썰고 기둥은 쪽쪽 찢어 분량의 양념으로 밑간한다.
2 느타리버섯은 손으로 찢어 준비하고 팽이버섯은 밑동을 자르고 가닥을 나눈다.
3 양파는 채 썰고 쪽파는 송송 썬다.
4 잘 달군 냄비에 표고버섯을 볶은 후 다시마물을 붓고 표고버섯의 맛이 우러나게 끓인다.
5 국물이 끓으면 느타리버섯과 팽이버섯, 양파를 넣고 한소끔 끓인다.
6 버섯이 다 익으면 다진 마늘, 국간장, 소금을 넣고 간을 맞춘 후 송송 썬 쪽파를 넣는다.

 **포고버섯은 기둥까지 넣어 구수하게**

표고버섯을 미리 양념해 볶으면 조미료를 따로 넣지 않아도 감칠맛이 있다. 생 표고버섯을 사용하므로 기둥도 쪽쪽 찢어 넣으면 구수한 맛이 빨리 난다. 조직이 표고버섯에 비해 상대적으로 여린 느타리버섯이나 팽이버섯은 표고 버섯이 잘 볶아진 뒤 넣어야 질기지 않다.

느타리당면맑은국 

아이들은 유난히 면 종류를 좋아한다. 밀이나 전분이 주는 단맛과 빨아올리는 재미가 아이들의 입맛과 기호에 맞아 떨어지기 때문. 제철의 쫄깃한 느타리버섯과 당면을 건져 먹으면 전골을 먹는 기분의 가을 국을 만들 수 있다.

재료

느타리버섯 ················150g
당면 ·····················30g
양파 ····················1/4개
쪽파 ·····················4대
참기름 ···················1큰술

국물과 양념

다시마물 ··················5컵
국간장 ···················1큰술
다진 마늘 ················2작은술
소금 ·····················약간

1 느타리버섯은 큰 것은 길이로 가닥을 나누고 작은 것은 그대로 둔다.

2 당면은 찬물에 재빨리 씻은 후 가위로 두세 번 자르고 수분을 닦는다.

3 양파는 곱게 채 썰고 쪽파는 4센티미터 길이로 자른다.

4 냄비에 참기름을 두르고 양파를 볶아 향을 낸 후 느타리버섯을 넣고 달달 볶는다.

5 4에 다시마물을 붓고 10분 정도 끓인 후 당면을 넣어 부드럽게 익힌다.

6 국간장으로 색을 낸 다음 다진 마늘과 소금으로 간을 맞추고 쪽파를 넣어 우르르 끓여 낸다.

당면은 불리지 않고 그대로
당면을 불리지 않고 넣기 때문에 국을 끓이고 난 다음에도 쉽게 불지 않는다.
제철 느타리버섯을 쭉쭉 찢어 말려 두었다가 살짝 불려 사용해도 좋다.

시래기조개된장국 

'봄날의 기운은 쑥에 있고 가을날의 기운은 무청에 있다' 라는 속담이 있다. 무청시래기에는 딸기보다 많은 비타민C가 들어 있고 당근의 두 배에 달하는 비타민A가 함유되어 있다. 또 가으내 햇볕에 말렸다가 일조량이 부족한 겨울에 먹으면 훌륭한 비타민D의 급원이 되는 건강 식재료이다.

재료

모시조개	200g
삶은 시래기	100g
대파	1대
청고추	1개
홍고추	1/2개

국물과 양념

다시마물	5컵
된장	2큰술
다진 마늘	1큰술
소금	약간

1 모시조개는 해감한 후 손으로 비벼 깨끗이 씻고 냄비에 다시마물과 함께 넣어 끓인다. 모시조개가 입을 벌리면 불을 끄고 체에 거른다.

2 삶은 시래기는 물에 여러 번 씻어 물기를 짜고 6센티미터 길이로 자른다.

3 대파와 청, 홍고추는 어슷하게 썬다.

4 모시조개 국물을 냄비에 담아 된장을 풀고 시래기를 넣어 푹 끓인다.

5 시래기가 부드러워지면 다진 마늘, 모시조개, 대파, 청, 홍고추를 넣고 우르르 끓인 후 소금으로 간을 맞추어 낸다.

시래기는 충분히 끓여 질기지 않게

시래기는 충분히 부드러워질 때까지 끓인 후 남은 양념을 넣어야 시래기가 짜거나 질겨지지 않아 아이들도 잘 먹는다. 모시조개 육수에 된장을 풀면 훨씬 구수한 된장국이 된다.

김치콩비지찌개

고기가 귀했던 시절, 콩은 우리 식단에서 빠질 수 없는 단백질 공급원이었다. 요즘은 고기가 단백질의 급원이지만 아토피 아이들은 고기를 즐겨 먹으면 증상이 심해지는 경향이 있으므로 콩처럼 단백질이 풍부한 식품으로 대체하는 것이 좋다. 콩은 자라는 아이들에게 양질의 단백질을 공급하며 아토피의 피해를 줄일 수 있는 몇 안 되는 식재료이다.

1 흰콩은 잘 씻어 5~6시간 정도 불린 후 바락바락 주물러 콩깍지를 벗긴 다음 믹서에 물을 붓고 입자가 약간 보이게 간다.
2 배추김치는 소를 털어 내고 국물을 짠 뒤 송송 썰어 밑간 양념에 버무려 놓는다.
3 냄비나 뚝배기에 채 썬 양파를 볶다가 익으면 김치를 넣고 조금 더 볶는다.
4 3에 다시마물을 자작하게 부어 자글자글 끓이다가 국물이 거의 졸아들면 갈아 둔 콩물을 부은 다음 뚜껑을 덮고 끓인다.
5 우르르 끓어오르면 불을 줄이고 15분 정도 뜸을 들인 후 분량의 양념장과 곁들여 낸다.

 **김치는 양념을 털어 깔끔하게**

김치의 양념 맛과 신맛이 강하면 비지찌개가 맛이 없으므로 양념을 털어 내고 꼭 짠 뒤 밑간 양념에 버무려 둔다. 설탕을 조금 넣으면 김치의 신맛을 줄일 수 있다.

재료

흰콩	1/2컵
물	1/2컵
신 배추김치	5~6줄기
양파	1/4개
다시마물	적당량

김치 밑간

참기름	1큰술
유기농 설탕	1작은술

양념장

송송 썬 쪽파	4큰술
간장	3큰술
다진 마늘	1큰술
깨소금	1큰술
고춧가루	1큰술
참기름	1큰술

피부를 살리고
지구를 지키는 천연화장품

건강한 바를거리에 대한 지식이 적었던 시절부터 꾸준하게 천연화장품에 대해 탐구해 온 사람이 있다. 다들 새로운 특허 성분이 들어 있다는 고가 화장품을 바를 때, 작업실에 들어앉아 꿀, 채소, 과일 등의 천연 재료를 직접 넣어 가며 화장품을 만들었던 그녀, 천연화장품을 만드는 사람이자 천연화장품의 직접적인 수혜자인 에코인 류미 씨를 만나 이야기를 들어 보았다.

류미 씨를 만나면 우선 나이에 맞지 않게 뽀얗고 윤기 나는 건강한 피부에 깜짝 놀란다. 그리고 한때 피부 트러블 때문에 한참을 고생했다는 얘기를 듣고 한 번 더 놀란다. 그녀는 지금 피부로는 도저히 상상할 수 없는 이야기를 했다.

"원래도 민감한 피부였는데 결혼하고 살림을 도맡게 되면서 피부도 약해지고 주부습진도 생기더라고요. 손가락 끝이 모두 갈라져서 책장 하나 넘길 수가 없고 손에 물 대기조차 어려웠어요. 게다가 좀 나아질 만하면 또 재발하고, 다시 진물 나고……. 얼마나 심했던지 한동안은 아예 씻지도 않은 채 연고로 도배하고 약 먹으면서 지냈다니까요."

그녀가 약과 연고만으로 버틸 수 없다고 생각한 것은 임신을 준비하면서부터였다. 먹는 것은 물론이고 피부에 바르는 것까지 아이에게 영향을 미친다고 생각하니 강한 스테로이드 연고를 더 이상 쓸 수 없었다. 약을 끊고 손이 갈라진 채로도 지내 봤지만 한계가 있었다. 이러지도 저러지도 못한 상태에서 마지막 길이라 생각하고 찾은 것이 바로 천연화장품.

처음에는 천연비누 만들기를 시작했다. 유리 비커와 핫플레이트, 생소한 이름의 재료들이 낯설게만 느껴졌다. 재료를 계량하고 붓고 섞고 끓이면서도 이게 피부에 맞을지, 제대로 된 제품이 만들어지기는 하는지 의구심은 끝도 없었다. 지푸라기라도 잡는 심정으로 만든 비누는, 그러나 의외의 성과를 거둔다.

"비누 하나로 달라질 거라곤 상상도 못했어요. 하지만 비누를 바꾸고 한 달이 지나니 확실히 피부가 촉촉해지며 습진이 호전되더라고요. 주부습진으로 뭉그러져 주민등록증에 제대로 찍지도 못했던 지문이 다시 생겼으니 말 다했죠. 그런데 비누 선생님 얘기를 들으니까 저 같은 사람은 천연화장품을 쓰면 확연히 좋아진다는 거예요. '이거구나!' 했지요."

그렇다면 천연화장품을 쓰고부터는 확실히 피부가 좋아졌을까? 이 질문에 대한 답은 들을 필요도 없었다. 트러블이라고는 찾아 볼 수 없는 그녀의 건강한 피부가 직접 답하고 있었으니까.

피부 건강은 기본, 비용 절감은 덤

여자는 나이가 들수록 피부에 들이는 비용도 많아진다. 조금이라도 더 어리게, 조금이라도 더 촉촉하고 밝게 보이고 싶어서 퍼밍에 수분에 화이트닝까지, 하나에 기십만 원씩 하는 기능성 화장품을 종류별로 긁어모은다. 그녀가 천연화장품의 가장 큰 장점으로 경제적인 면을 꼽은 이유다. 물론 초기 비용은 많이 드는 편이다. 도구와 재료를 구비하는 것만 해도 몇 만 원은 훌쩍 넘는다. 그러나 이 초기비용만 들면 더 이상의 부대 비용이 들지 않는다. 이것도 화장품 한두 개 사는 셈 치면 부담되지 않는다.

"피부가 좋아지기만 하면 돈은 얼마가 들어도 괜찮다는 분들이 많아요. 다 저처럼 피부 트러블로 고생했던 분이죠. 이런 분들에게 천연화장품은 최후의 보루입니다. 가격도 적게 들지, 피부는 속부터 개선되지, 정말 써 보면 다들 입에 침이 마르도록 칭찬한다니까요."

류미 씨 집은 늘 방문객으로 들썩인다. 피부 미인인 류미 씨가 천연화장품 마니아라는 것이 소문나자 다들 대체 천연화장품이 뭐기에 그리 피부가 좋으냐며 집에 찾아오기 시작한 것이다. 일부러 화장

도 하지 않고 와서 이것저것 발라 보며 류미 씨의 화장대에 붙어서 떨어지질 않는단다. 천연화장품을 많이 만들어 담아 놓으면 하나만 달라며 자꾸 가져가 남는 것도 없다고 한다.

천연으로 까다롭게 고르는 재료

그녀에게 세상은 화장품 재료로 가득 찬 비밀 창고다. 눈을 크게 뜨고 주변을 살피며 화장품 재료를 찾고 끊임없이 실험하는 것도 일상이다. 천연 재료만을 고집하고 그것마저 깐깐하게 유기농인지 살핀

다는 그녀가 요즘 푹 빠져 있는 재료는 약초. 국화, 당귀, 감초, 허브 우린 물, 알로에, 홍삼, 백련초 등 약초로 만드는 한방 화장품은 피부에 보약을 주는 느낌이 든단다. 먹을 수 있는 것들은 다 피부에도 좋다는 신념으로 식용 오일, 버섯, 과일, 커피, 와인, 정종, 오트밀 등의 식재료도 한껏 활용한다. 그 중에서도 올리브오일과 포도씨오일은 '대박'을 쳤다.

"둘째아이가 미미하긴 하지만 아토피 증세가 나타났다 사라졌다 합니다. 예전엔 어떡하나 싶었는데 요즘은 걱정 안 해요. 포도씨오일과 올리브오일로 만든 바디크림을 발라 주면 되거든요. 조금 올라

온다 싶으면 얼른 만들어서 왕창 발라 주죠. 그럼 신기하게도 금방 진정돼요. 아이도 이젠 아는지 아토피 기운 올라오면 바로 '엄마, 착한 크림 어디 있어?' 하고 먼저 물어요."

자연스럽게 피부 자생력을 되찾아 주는 천연화장품

아토피 얘기가 나온 김에 더 물어 보았다. 천연화장품은 아토피를 비롯한 피부 질환 환자들이 써 보고 입소문을 낸 덕분에 세간에 알려졌다. 그리고 꾸준히 아토피 환자들의 사랑을 받고 있기도 하다. 대체 피부 질환 환자들에게, 아니, 모든 이에게 천연화장품이 좋은 이유가 무엇일까.

"일반 화장품의 유통기한은 1년이 넘습니다. 보존제와 화학물질 덕에 장기 보관이 가능하죠. 하지만 천연화장품을 1년 이상 보관한다면 아마 썩어서 냄새가 진동할 거예요. 그만큼 천연화장품이 신선하다는 겁니다. 제품이 금방 변한다는 거, 단점일 수도 있습니다. 하지만 자연의 섭리에 맞춘 '즐거운 불편함'으로 생각하면 오히려 1년이 지나도록 상하지 않는 일반 화장품이 무서워질 거예요. 사람들이 오해하는 게 있어요. 화장품으로 시간을 되돌리고 피부 고민을 모두 해결할 수 있다는 거죠. 하지만 화장품은 약품이 아닙니다. 화학물질로 인위적인 리프팅을 하고 잡티를 제거하는 건 피부 건강을 되레 악화시키지요. 화장품은 피부 자체의 힘을 되살리는 데 그 목적이 있습니다. 천연화장품은 피부의 근원적인 자생력을 살려 스스로 유수분 밸런스를 조절할 수 있도록 도와주지요. 다시 말해 내 피부가 마음껏 숨 쉬고 기능할 수 있게 도와주는 것

뿐입니다. 피부 질환도 피부가 건강해지는 사이에 낫는 것이고요. 피부는 스스로 어떻게 하면 좋아질지 알고 있어요. 천연화장품은 그 길을 뚫어 주는 것뿐이죠."

아름다운 피부는 피부 속 건강에서부터 시작한다고 단언하는 류미 씨는 천연화장품의 친환경성도 칭찬했다. 건강한 지구를 만드는 데 일조하는 셈이니 스스로에게 주는 천연화장품은 지구에게도 선물이라는 것이다.

수강생의 입장에서 이제는 강사로 자리 잡은 그녀는 예전의 자신처럼 엉망이 된 피부로 울면서 찾아 온 수강생들의 해결사로 통한다. 수강생들의 붉게 달아오른 아토피성 피부, 여드름투성이의 트러블 피부가 단 며칠 만에 말끔해지는 것을 보면 보람을 느낀다는 류미 씨. 앞으로도 천연화장품 사랑을 계속해 나가 건강한 피부, 건강한 지구를 지켜 주길 바란다.

천연화장품, 어디서 배울까?
간혹 천연화장품을 팔라는 사람들이 있지만 개인이 만든 천연화장품을 상업적 용도로 파는 것은 불가능하다. 화장품의 경우 임상 실험 후 식약청 승인을 받아야만 팔 수 있기 때문이다. 따라서 천연화장품은 직접 만들지 않고서는 살 수 없는 희소품이다.

류미 씨의 강좌를 들을 수 있는 곳
뉴코아 아울렛 동수원점 문화센터 (전화: 031-231-6000)
뉴코아 아울렛 과천점 문화센터 (전화: 02-509-5400)
뉴코아 아울렛 평택점 문화센터 (전화: 031-650-6700)
뉴코아 아울렛 안산점 문화센터 (전화: 031-8040-8711)
AK플라자 평택점 문화센터 (전화: 031-615-1050)

CHAPTER 04

매일매일 건강해지는
반찬요리

인스턴트와 패스트푸드에 길들여진 아이들의 입맛을 건강하게 되돌리려면
자극적인 강한 맛보다 엄마가 해 준 깊은 맛이 정답이다.
밑반찬 몇 가지만 제대로 만들어도 아이의 입맛을 사로잡을 수 있다.

깨소스봄나물무침 봄

봄나물은 비타민과 무기질이 풍부해 겨우내 부족했던 영양소의 공급원으로 좋으나 대개 맛이 쌉쌀해 아이들이 꺼리는 식재료이다. 향긋한 봄나물에 고소한 깨소스를 곁들이면 아이들의 입맛에도 맞는 샐러드 같은 무침이 완성된다.

재료

참나물	30g
돌나물	20g
달래	20g
양파	1/4개
당근	1/4개

깨소스

굵게 간 깨	3큰술
매실청	2큰술
간장	1과 1/2큰술
식초	1큰술
참기름	1큰술
고춧가루	1작은술

1 봄나물들은 잘 씻어 한입 크기로 손질해 찬물에 담갔다 건진다.

2 양파와 당근은 곱게 채 썰어 찬물에 담갔다 건진다.

3 분량의 재료를 섞어 깨소스를 만든다.

4 접시에 채소를 고루 섞어 담고 깨소스를 뿌려 낸다.

깨는 즉석에서 갈아 고소하게
미리 갈아 두었던 깨소금을 넣으면 진한 깨의 향이 나지 않으므로 분마기에 통깨를 넣고 굵직하게 갈아서 넣도록 한다.

죽순미나리된장무침 

죽순은 섬유질이 풍부해 장의 연동을 촉진시켜 변비를 해소한다. 또한 몸속의 노폐물이나 체내에 있는 불필요한 수분을 신속하게 배설하여 혈액을 정화하는 작용이 탁월하다. 미나리는 해독 작용이 뛰어나 체내의 각종 독소들을 해독하는 데 특효약이다. 죽순과 미나리를 함께 먹으면 아토피성 피부염에 특히 효과가 좋다.

재료

죽순 ······················1개
미나리 ····················30g
당근 ······················1/6개
통깨 ······················약간

된장 양념

참기름 ····················1큰술
된장 ······················1/2큰술
다진 마늘 ·················1작은술
깨소금 ····················1작은술
간장 ······················약간

1 죽순은 반으로 갈라 빗살무늬를 살려 썬 후 끓는 물에 데쳐 아린 맛을 제거한다.
2 미나리는 줄기만 다듬어 5센티미터 길이로 썰고 끓는 물에 살짝 데친다.
3 당근은 5센티미터 길이로 곱게 채 썰어 끓는 물에 살짝 데친다.
4 분량의 재료를 섞어 된장 양념을 만든다.
5 볼에 죽순, 미나리, 당근을 고루 담고 양념을 버무린 다음 통깨를 뿌려 낸다.

생죽순은 쌀뜨물에 삶아 아린 맛 제거

생죽순이 나는 계절에는 죽순을 쌀뜨물에 부드럽게 삶아야 아린 맛이 덜하다. 미나리의 향을 싫어하는 아이들은 미나리 대신 오이나 좋아하는 나물을 무쳐 준다.

가지브로콜리들깨무침 

가지는 다른 채소에 비해 비타민과 무기질이 적은 편이지만 보라색의 폴리페놀 색소에 항암 성분이 다량 들어 있다. 브로콜리와 같이 비타민과 무기질이 풍부한 채소를 곁들여 먹으면 단점이 보완되고 영양적 궁합이 우수해진다.

재료

브로콜리	1/2송이
소금	약간
가지	2개
홍고추	1/2개

무침 양념

다시마물	3큰술
들깨가루	3큰술
들기름	1큰술
다진 파	2작은술
다진 마늘	1작은술
국간장	1작은술
소금	1/2 작은술

1 브로콜리는 송이를 나누어 끓는 물에 소금을 넣고 데친다.
2 가지는 5센티미터 길이로 잘라 4~6등분 한 후 물에 잠깐 담갔다가 김이 오른 찜통에 쪄서 물기를 꼭 짠다.
3 홍고추는 곱게 채 썬다.
4 다시마물에 들깨가루를 넣고 잘 갠 후 나머지 양념을 넣고 고루 섞는다.
5 브로콜리와 가지, 홍고추를 볼에 담고 4를 넣어 조물조물 무친다.

가지는 물에 담가 유해 물질 제거

가지는 생육 속도가 빠르고 병충해에 강한 편이라 농약 노출 위험이 비교적 낮다. 자른 후 담가 둔 물이 살짝 검게 변할 때까지 두면 유해 물질 제거 효과가 크다.

가지양념구이 

여름에 단맛이 오른 가지는 날로 먹어도 아리지 않고 맛있지만 조리를 잘못하면 풋내가 나고 질겨져서 아이들이 잘 먹지 않는다. 가지를 살짝 말려 매콤달콤한 양념을 발라 구워 주면 아이들도 잘 먹는다.

재료

가지	2개
들기름	1큰술
포도씨오일	1큰술
통깨	약간

구이 양념장

고추장	1큰술
간장	1/2큰술
참기름	1/2큰술
고춧가루	1작은술
다진 마늘	1작은술
생강즙	1작은술
깨소금	약간
설탕	약간

1 가지는 모양을 살려 길게 어슷하게 잘라 채반에 수들수들하게 말린다.
2 분량의 재료를 섞어 양념장을 만들고 1의 가지에 발라 둔다.
3 들기름과 포도씨오일을 섞은 팬에 2의 가지를 노릇하게 구워 따뜻할 때 양념장을 덧발라 통깨를 뿌려 낸다.

가지는 살짝 말려 쫀득하게

가지를 살짝 말려 구우면 쫀득하게 씹히는 맛도 살고 구울 때 수분이 겉돌지 않아 부스러지거나 물러지지 않는다.

우엉잡채 

섬유질이 많아 변비 예방에 좋고 필수아미노산인 아르기닌이 풍부하여 배뇨를 좋게 하는 우엉은 노폐물 제거에도 효과적이다. 우엉의 당질인 이눌린은 다른 당분처럼 빠른 시간에 흡착되지 않아 비만이나 당뇨도 예방해 준다.

재료

우엉	1/2대
당근	1/6개
양파	1/6개
불린 당면	한 줌
식용유	약간

양념장

다시마물	5큰술
간장	2큰술
유기농 흑설탕	1큰술
참기름	1큰술
깨소금	1작은술

1 우엉은 껍질을 벗기고 6센티미터 길이로 곱게 채 썬다.

2 당근과 양파도 6센티미터 길이로 곱게 채 썬다.

3 미지근한 물에 담가 부드럽게 불린 당면은 10센티미터 정도 길이로 자른다.

4 달군 팬에 기름을 살짝 두르고 우엉, 당근, 양파 순으로 살짝 볶는다.

5 4에 분량의 양념장을 넣고 고루 뒤적인 후 당면을 넣어 부드럽게 익힌다.

잡채 양념은 흑설탕을 넣어 먹음직스럽게

잡채 양념에 흑설탕을 넣으면 볶고 난 뒤 색깔이 진하고 윤기가 나서 먹음직스럽다. 당면을 따로 삶아 내지 않고 양념장에 조리듯이 볶으면 식어도 잘 퍼지지 않는다.

우엉사과생채 

우엉의 풍부한 식이섬유소는 대장의 건강을 지켜 주고 몸속에 쌓인 독성을 배출해 주므로 고기와 인스턴트식품을 좋아하는 어린이들은 우엉을 꾸준히 먹는 게 좋다. 생으로 먹어도 단맛이 강한 가을 우엉은 생채나 김치를 담가 먹어도 좋다.

재료

우엉	1개
식초	약간
사과	1/2개
쪽파	1대
소금	약간
통깨	약간

무침 양념

국간장	1큰술
물	1큰술
참기름	2작은술
고춧가루	1작은술
다진 마늘	1작은술
깨소금	1작은술
매실청	1작은술

1 우엉은 껍질을 벗기고 5센티미터 길이로 곱게 채 썰어 식초를 약간 푼 물에 담가 갈변을 방지한다.

2 사과는 껍질째 잘 씻어 우엉 길이로 곱게 채 썰고 쪽파는 4센티미터 길이로 자른다.

3 분량의 무침 양념을 만들어 둔다.

4 볼에 우엉을 담고 무침 양념을 넣어 조물조물 무친 뒤 사과와 쪽파를 넣은 다음 통깨를 뿌려 낸다.

우엉은 잘게 자르고 식초물에 담가 정화

우엉은 잘게 잘라 사용하는 것이 다이옥신이나 염소계 농약의 피해를 줄이는 방법이다. 연필 깎듯이 잘라 식초물에 10분 정도 담갔다 사용하면 오염 물질이 제거되고 씹는 질감도 좋다.

무말랭이무침 

단맛이 한창 오른 가을무를 적당한 크기로 잘라 말린 무말랭이는
무의 영양을 농축한 데다 가을의 햇살 기운도 담고 있어 겨울철
요긴한 반찬거리가 된다.

1 분량의 물에 양파와 생강을 넣어 끓인 다음 식혀 무말랭이를 30분 정도
   담가 불렸다가 바락바락 씻어 물기를 빼고 건진다.
2 마른 고춧잎은 부드럽게 삶아 식혀 놓고 쪽파는 4센티미터 길이로 썬다.
3 분량의 양념을 고루 섞어 무말랭이와 고춧잎, 쪽파를 넣고 조물조물 무쳐
   통깨를 뿌려 낸다.

무말랭이의 지린 맛을 제거하려면
무를 양파와 생강 우린 물에 불리면 무말랭이 특유의 지린 맛과 냄새가 없어
진다. 불린 무는 깨끗하게 헹구어 물기를 꼭 짜고 무쳐야 꼬들꼬들하다.

재료

물	3컵
양파	1/2개
생강	1/2쪽
무말랭이	100g
마른 고춧잎	10g
쪽파	5대
통깨	약간

무침 양념

간장	2큰술
조청	2큰술
참기름	2큰술
깨소금	1큰술
고춧가루	1큰술
국간장	1/2큰술
다진 마늘	1작은술

멸치고구마조림 

칼슘의 보고로 알려져 있는 멸치는 DHA도 풍부해 아이들의 두뇌
발달에도 좋다. 뼈가 약해지기 쉬운 겨울에 섬유질과 카로틴이
풍부한 고구마와 함께 먹이면 좋다.

1 고구마는 1.5센티미터 크기로 깍둑썰기 한 후 분량의 절임물에 담가 20분
   정도 절인 뒤 헹궈 물기를 뺀다.
2 아무것도 두르지 않은 팬에 잔멸치를 볶아 체에 털어 식힌다.
3 마늘과 청, 홍피망은 3센티미터 길이로 곱게 채 썬다.
4 팬에 올리브오일을 두르고 고구마를 넣어 노릇하게 볶고 덜어 낸다.
5 4의 팬에 마늘을 넣고 볶아 향을 낸 후 조림장을 넣고 자글자글 끓인다.
6 5에 볶은 고구마를 넣고 조리다가 잔멸치와 청, 홍피망 채를 넣고 고루 버
   무린 다음 참기름을 두르고 통깨를 뿌려 낸다.

고구마는 소금물에 담가 단단하게
고구마를 간장이나 소금을 탄 물에 담가 두면 밑간이 배면서 조직이 단단해져
고구마 요리를 할 때 부스러지고 뭉그러지는 현상을 막을 수가 있다.

재료

고구마	1과 1/2개
잔멸치	1컵
마늘	3톨
청피망	1/2개
홍피망	1/4개
올리브오일	3큰술
참기름	약간
통깨	약간

고구마 절임물

간장	1큰술
물	2컵

조림장

물	1/2컵
간장	2큰술
조청	1과 1/2큰술
청주	1큰술

재료		조림장	
연근(중간크기)	1개	다시마물	2컵
식초	1큰술	간장	3큰술
호두	10알	매실청	1큰술
참기름	1/2큰술	청주	1큰술
통깨	약간	조청	2큰술

1 연근은 깨끗이 씻어 껍질을 벗기고 5밀리미터 두께로 썬다.

2 냄비에 물을 넉넉히 담고 끓이다가 식초를 넣고 연근을 5분 정도 삶는다.

3 호두는 끓는 물에 살짝 데쳐 쓴맛을 뺀다.

4 냄비에 참기름과 조청을 제외한 조림장 재료를 넣고 끓이다가 삶은
   연근을 넣고 한소끔 더 끓인다.

5 4가 끓어오르면 불을 줄이고 간이 배게 조리다가 국물이 반 정도 졸면
   호두를 넣고 조린다.

6 5가 1/3 정도로 졸면 조청을 넣고 윤기 나게 조린 후 마지막에 참기름과
   통깨를 고루 섞어 낸다.

 **오래 졸인 연근은 조청으로 마무리**
연근은 간장 색이 배도록 오래 조리는 게 좋은데 조청이나 물엿을 마지막에
넣어야 쫄깃하게 조려진다. 호두의 알루미늄 배출 성분은 껍질에 많으니 껍질
을 벗겨 내지 말고 살짝 데쳐 쓴맛만 제거한다.

연근호두조림 

연근의 풍부한 섬유질은 각종 노폐물을 흡착하여 몸 밖으로 배출시켜 준다. 또한 연근은 타닌 성분이
풍부해 니코틴 해독 작용도 탁월하다. 호두의 지질은 불포화지방산과 혈중 콜레스테롤을 떨어뜨리는
필수지방산이 많아 콜레스테롤이 혈관에 불필요하게 쌓이는 것을 예방해 준다.

표고청포묵무침 봄 ~ 초여름

청포묵은 녹두로 만든 것인데 녹두는 해열, 해독 작용이 탁월해 태열이나 아토피, 화농성 여드름 치료에 효과가 있다. 특히 긴 겨울을 지내느라 노폐물이 쌓인 데다 황사도 심한 봄부터 초여름까지 먹으면 좋다.

1 마른 표고버섯은 찬물에 불린 후 물기를 꼭 짜고 곱게 채 썬다.

2 묵은 5~6센티미터 길이로 도톰하게 썰고 오이도 같은 길이로 곱게 채 썬다.

3 묵은 끓는 물에 살짝 데쳐 식힌 후 소금과 참기름에 버무려 둔다.

4 오이는 소금 간을 하고 기름을 살짝 두른 팬에 파랗게 볶아 식힌다.

5 표고버섯 채는 식초를 제외한 표고버섯 양념을 넣고 프라이팬에 조리듯이 볶은 후 마지막에 식초를 넣고 고루 버무려 식힌다.

6 볼에 재료를 담고 소금, 참기름으로 간을 맞추어 골고루 버무린 후 통깨를 뿌려 접시에 담아낸다.

재료

마른 표고버섯	3장
청포묵	1/2모
오이	1/2개
소금	약간
참기름	약간
통깨	약간

표고버섯 양념

간장	1큰술
매실청	1큰술
식초	1큰술
포도씨오일	1/2큰술

 **표고버섯은 조린 후 식초를 넣어 새콤하게**

표고버섯이 다 조려진 후 식초를 넣으면 신맛이 오래 간다. 새콤한 맛을 좋아한다면 식초의 비율을 늘려도 좋다.

토마토시금치볶음 가을 ~ 봄

토마토의 리코펜이 몸에 좋다는 사실이 널리 알려지면서 토마토는 국민 채소 자리에 올랐다. 영양소가
풍부한 녹색의 시금치와 곁들여 먹으면 컬러 궁합도 맞고 시금치의 떫은맛도 줄어들어 좋다.

재료

붉은 토마토	1개
시금치	5~6줄기
양파	1/4개
올리브오일	1큰술
다진 마늘	1작은술
매실청	1작은술
소금	약간

1 토마토는 꼭지를 떼고 끓는 물에 데쳐 껍질을 벗긴 다음 8등분한다.

2 시금치는 뿌리 부분을 자르고 줄기를 정리해서 깨끗이 씻는다.

3 양파는 굵직하게 다진다.

4 팬에 올리브오일을 약간 두르고 다진 마늘과 양파를 볶는다.

5 마늘과 양파 향이 나면 시금치를 센 불에 재빨리 볶는다.

6 5에 토마토를 넣고 볶은 후 소금으로 간을 맞추고 매실청을 살짝
  뿌려 낸다.

시금치는 센 불에 빠르게 볶아 풋내 제거

시금치는 너무 오래 볶으면 풋내가 나므로 센 불에 재빨리 볶는다. 토마토는 오랜 시간 가열하면 물러지므로 모든 재료가
다 익은 후 살짝만 볶도록 한다.

오징어양송이장조림 봄 ~ 초여름

오징어는 쇠고기보다 양질의 단백질이 풍부한 해산물로 쫄깃한 질감과 담백한 맛이 별미라 구이나 볶음, 튀김, 찌개, 전골 등에 다양하게 이용된다. 소화가 잘 안 되는 격자무늬 단백질 구조를 가지고 있어 조리 시 칼집을 넣는 것이 좋다.

1 오징어는 껍질과 내장을 제거하고 잔 칼집을 넣어 한입 크기로 썬다.
2 양송이는 껍질을 벗기고 꽈리고추는 잘 씻어 꼭지를 딴다.
3 분량의 조림장을 끓이다가 양송이를 넣고 조린다.
4 양송이에 간이 배고 조림장이 반쯤 줄면 오징어를 넣고 마저 조린다.
5 조림장이 자작해지면 꽈리고추를 넣고 고루 뒤적인 후 통깨를 뿌려 낸다.

 **오징어는 나중에 넣어 부드럽게**
양송이가 조려지는 시간이 오래 걸리므로 먼저 조리다가 오징어를 넣어야 오징어가 질겨지지 않는다.

재료
물오징어 ·················1마리
양송이 ·················15개
꽈리고추 ·················5개
통깨 ·················약간

조림장
다시마물 ·················1과1/2컵
간장 ·················2큰술
조청 ·················2큰술
청주 ·················1큰술
다진 마늘 ·················1작은술

94

꼬막채소전 봄 ~ 초여름

꼬막은 철분과 칼슘이 풍부해 성장기 아이들의 영양에 좋은 어패류이다. 철분의 함량이 매우 높아 빈혈이 자주 일어나는 아이들에게 좋다. 다양한 채소와 함께 섞어 전을 부쳐 먹이면 섬유질도 보충되고 아이들의 간식으로도 좋다.

재료

꼬막	2컵
소금	약간
양파	1/2개
홍피망	1/2개
당근	1/4개
실부추	80g
우리밀백밀가루	1컵
달걀	1개
물	약간
소금	약간
포도씨오일	약간

초간장

간장	2큰술
식초	1큰술
깨소금	1/2큰술
고춧가루	1작은술
송송 썬 쪽파	5대

1 꼬막은 소금을 넣은 물에 잘 해감하여 껍질이 벌어질 때까지 데치고 껍질을 까 찬물에 헹구어 체에 밭친다.

2 양파와 홍피망, 당근은 4센티미터 길이로 곱게 채 썰고 실부추도 같은 길이로 썬다.

3 1의 꼬막과 2의 채소에 밀가루를 고루 뿌려 반죽이 잘 묻게 한다.

4 밀가루를 볼에 담고 달걀을 넣은 다음 물을 조금씩 부어 가며 약간 되직하게 반죽해 소금을 넣는다.

5 4에 채소를 넣고 고루 버무려 한 수저씩 기름 두른 팬에 올리고 반쯤 익으면 꼬막을 반죽에 적셔 올린다.

6 앞뒤로 노르스름하게 지진 후 초간장과 곁들여 낸다.

꼬막은 반쯤 익었을 때 올려 부드럽게
처음부터 꼬막을 넣고 부치면 꼬막이 오그라들어 질기고 맛이 없다. 반죽이 반쯤 익었을 때 꼬막을 올리고 뒤집어 살짝만 익힌다.

시금치두부무침 겨울 ~ 봄

녹색채소의 왕이라고 부를 만큼 비타민이 풍부하고 철분과 엽산도 풍부한 시금치는 식탁에서 빠지면 안 되는 재료다. 철분 함유량이 높고 기형아 예방이나 신경계에 영향을 미치는 엽산이 풍부해 임산부나 어린이들이 즐겨 먹으면 좋다.

재료

시금치 ····················1/2단
소금 ························약간
두부 ·······················1/4모
당근 ·······················1/4개
양파 ·······················1/4개

양념

통깨 ·····················2큰술
참기름 ·················1/2큰술
된장 ·····················1작은술
다진 마늘 ············1작은술
간장 ·················1/2작은술

1 시금치는 밑동을 물에 담가 흙과 이물질을 털어 낸 후 씻는다.
2 끓는 소금물에 시금치를 데친 후 물기를 제거해 2~3등분한다.
3 두부는 곱게 으깨어 수분을 제거한다.
4 당근과 양파는 곱게 채 썰어 팬에 살짝 볶거나 끓는 물에 데친다.
5 깨를 즉석에서 갈고 분량의 재료를 섞어 무침 양념을 만든다.
6 두부와 양념을 먼저 버무린 후 시금치, 당근, 양파를 넣고 버무려 낸다.

 **시금치는 밑동을 불리고 씻으면 깨끗**
뿌리나 줄기가 붙어 있는 시금치 같은 채소들은 밑동을 물에 담가 살짝 불린 후 씻으면 흙이나 기타 찌꺼기가 다 떨어져 나가 깨끗하게 씻긴다.

오이상추무침 

상추는 비타민과 섬유질이 풍부하고 쌉쌀한 맛이 있어 여름철 입맛을 살리는 데 좋다. 하얀색의 점액질은 락토카리움이라는 성분으로 진정, 최면 효과가 있어 열대야에 고생하는 삼복에 잠을 잘 이룰 수 있게 해 준다. 땀을 많이 흘리는 여름, 칼륨이 풍부한 오이와 함께 먹으면 체액 보충에도 좋다.

재료

오이 ·····················1개
상추 ·····················10장
양파 ·····················1/4개
홍고추 ····················1/2개
통깨 ·····················약간

겉절이 양념

물 ······················1큰술
국간장 ····················1큰술
매실청 ····················1큰술
식초 ·····················1큰술
참기름 ····················1큰술
다진 마늘 ··················1작은술
고춧가루 ··················1/2큰술
깨소금 ····················1작은술

1 오이는 잘 씻고 반 갈라 어슷하게 썬다.

2 상추는 잘 씻어 먹기 좋은 크기로 뜯고 찬물에 담갔다 건진다.

3 양파와 홍고추는 곱게 채 썰어 찬물에 담갔다 건진다.

4 볼에 채소를 고루 담고 분량의 양념과 함께 살살 버무린 다음 통깨를 뿌려 낸다.

양념은 즉석에서 만들어 신선하게

양념을 미리 만들어 두면 고춧가루가 불어 무칠 때 덩어리가 지고 고루 버무려지지가 않는다. 겉절이 양념은 재료 준비가 된 후 만들어 바로 버무린다.

CHAPTER 05

엄마의 정성 가득!
간단 일품요리

밥투정 심한 아이의 입맛을 사로잡기 위해서는
시각적인 즐거움도 놓치지 말아야 한다. 일품요리는 요리에 대한 관심을
불러일으키기 좋은 음식. 가끔은 집에서도 외식 메뉴로 건강 식탁을 차려 보자.

미역주먹밥 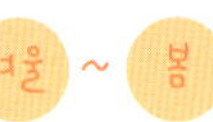

미역의 알긴산은 중금속 해독은 물론이고 농약, 환경호르몬, 발암물질까지 흡착해 배설하는 기능을 한다. 또한 칼슘도 풍부해 아이들의 성장에 도움이 되는 식품이다. 미역국을 잘 먹지 않았던 아이라면 한입 크기의 미역주먹밥을 권해 미역과 친하게 해 주자.

재료

마른 미역	1큰술
당근	1/6개
양파	1/4개
참기름	1큰술
밥	2공기
통깨	1/2큰술
소금	약간

1 미역은 흐르는 물에 스치듯이 씻은 후 찬물에 담가 30분 정도 불린다.
2 당근과 양파는 굵직하게 다진다.
3 물기를 빼고 잘게 다진 미역은 참기름을 두른 냄비에 달달 볶는다.
4 미역이 파래지면 양파와 당근을 넣고 더 볶는다.
5 따뜻한 밥과 5를 고루 섞은 후 소금으로 간을 하고 통깨를 뿌린다.
6 한입 크기로 모양을 잡아 뭉친다.

미역은 푸를 때까지 볶아 고소하게
미역은 물기를 꼭 짠 후 파르스름하게 변할 때까지 볶아야 고소한 맛이 난다. 미역에 소금기가 있으므로 소금 간은 강하지 않게 한다.

나물리소토 가을

하루에 필요한 비타민과 섬유소를 섭취하기 위해서는 350g 정도의 채소를 먹어야 하는데 채소를 데쳐서 조리하면 부피가 줄어 300g 이상을 부담 없이 섭취할 수 있다. 채소를 데쳐 먹는 전통 나물 조리법이야말로 샐러드보다 효과적인 비타민과 섬유질 공급원이다.

재료

쌀 ·····················1컵
콩나물 ·················50g
호박나물 ···············50g
시금치나물 ·············50g
당근 ··················1/4개
양파 ··················1/4개
올리브오일 ·············2큰술
물 ····················3컵
소금 ···················약간
통깨 ···················약간

1 쌀은 잘 씻어 물기를 뺀다.
2 콩나물과 호박나물, 시금치나물, 당근, 양파는 잘게
  다진다.
3 팬에 올리브오일을 두르고 양파를 볶아 향을 낸다.
4 3에 쌀을 넣고 쌀알이 투명해질 때까지 볶은 후 물을
  부어 가며 쌀알이 익도록 25분 정도 젓는다.
5 쌀이 거의 익으면 다진 나물과 당근을 넣고 소금으로
  간을 맞추어 통깨를 뿌려 낸다.

리소토를 쫄깃하게 만들려면
나물은 종류에 상관없이 사용 가능한데 잘게 다진 후 물기를 꼭 짜서 보송보송하게 준비해야 한다. 리소토를 만들 때는 물을 한 번에 붓지 말고 여러 번 나누어 가며 넣어야 쫄깃한 질감이 살아난다.

콩비지김치전 

대두를 부드럽게 간 콩비지는 혈압을 내리고 콜레스테롤을 개선하는 등 성인병 해소에 큰 힘을 발휘한다.
간장 기능을 강화시켜 주는 단백질, 해독 작용을 하는 비타민 E, 리놀산 등이 함유되어 있어 간장 치료 보조
식품으로도 적합하다. 콩을 곱게 갈아 고소한 맛의 전을 부치면 아이들도 거부감 없이 먹을 수 있다.

재료

흰콩 …………………………1/2컵
우리밀백밀가루 …………1/4컵
신 배추김치 …………5~6줄기
청피망 …………………………1/2개
홍피망 …………………………1/4개
양파 …………………………1/4개
소금 …………………………약간
참기름 …………………………적당량
식용유 …………………………적당량

김치 밑간

깨소금 …………………1/2작은술
참기름 …………………1/2작은술
유기농 설탕 ……………약간

1 흰콩은 썩은 것을 골라내고 씻어 반나절 정도 불린 후 믹서에 곱게 갈아
　밀가루를 섞어 놓는다.

2 김치는 소를 털어 내고 송송 썰어 밑간한다.

3 피망, 양파는 굵직하게 다진다.

4 1의 반죽에 김치, 피망, 양파를 섞은 후 소금 간을 한다.

5 달군 팬에 참기름을 조금 섞은 식용유를 두르고 노릇하게 부쳐 낸다.

부치기 어려운 콩비지 반죽에는 밀가루를
녹두전과 비슷한 음식인데 녹두 대신 콩을 갈아 넣어 고소하고 부드럽다. 콩
비지 반죽은 늘어져 부치기 어려운데 밀가루를 약간 섞으면 늘어짐 없이 부칠
수 있다.

버섯양배추잡채  봄 ~ 가을

양배추는 겉잎이 먼저 자라나고 속잎이 차곡차곡 자라는 채소이므로 가장 바깥쪽의 겉잎은 제거하고 먹는 것이 안전하다. 조리 시에는 용도에 맞게 썰어 물에 헹구거나 잠깐 담가 두면 유해 물질이 녹아 나와 더욱 안전하게 먹을 수 있다. 아삭한 양배추와 쫄깃한 버섯을 함께 먹으면 위나 장에 좋은 먹을거리가 된다.

재료

양배추	3장
생 표고버섯	2개
새송이버섯	1개
애느타리버섯	1/2팩
양파	1/4개
당근	1/6개
포도씨오일	1과 1/2큰술
다진 마늘	1작은술
소금	약간
통깨	약간

무침 양념

참기름	1큰술
꿀	1/2작은술
소금	약간

1 양배추는 6센티미터 길이, 7밀리미터 폭으로 썬 후 찬물에 담갔다 건진다.

2 표고버섯은 기둥을 떼어 낸 다음 채 썰고 새송이버섯은 길이로 반 잘라 저며 썬 후 굵직하게 채 썬다.

3 애느타리버섯은 잘게 가닥을 나누고 양파, 당근은 양배추 길이로 채 썬다.

4 달군 팬에 기름을 두르고 다진 마늘을 볶은 후 양배추, 표고버섯, 애느타리버섯, 새 송이, 양파를 각각 소금 간하여 볶아 식힌다.

5 볼에 양배추, 버섯, 양파를 고루 섞어 담고 분량의 무침 양념으로 버무린 다음 통깨를 뿌려 담아낸다.

채소는 각각 볶아 풍미가 살게

양배추와 버섯, 피망, 양파는 같이 볶지 않고 따로 볶아 무쳐야 각각의 향과 질감이 살아 있어 풍미가 더욱 좋다. 버섯은 스펀지 구조라 기름 흡수량이 많으므로 조금 뻑뻑하다 싶어도 기름을 살짝만 두르고 볶는 것이 좋다.

말린도토리묵떡조림 가을 ~ 초봄

도토리는 피로 회복 및 숙취에 탁월한 효과가 있고 소화 기능을 촉진시키며 입맛을 돋운다. 도토리 속의 아콘산은 인체 내부의 중금속 및 여러 유해 물질을 흡수, 배출시키는 작용을 한다. 장과 위를 튼튼하게 하므로 소화력이 좋지 않은 아이들에게 좋은데, 떫은맛 때문에 꺼리는 아이라면 떫은맛이 덜한 말린 도토리묵을 먹이면 좋다.

재료

말린 도토리묵	200g
떡볶이 떡	50g
쪽파	2대
통깨	약간

조림장

다시마(5×5 센티미터)	1장
물	1/2컵
간장	2큰술
다진 파	1큰술
설탕	1/2큰술
참기름	1/2큰술
다진 마늘	1/2큰술
조청	1작은술

1 말린 도토리묵은 흐르는 물에 한 번 씻은 후 미지근한 물에 30분 정도 담가 부드럽게 불린다.
2 떡은 가닥을 나누어 끓는 물에 살짝 데치고 쪽파는 4센티미터 길이로 썬다.
3 냄비에 분량의 조림장 재료를 넣어 자글자글 끓인 후 불린 도토리묵을 넣고 중불에서 국물을 끼얹어 가며 은근히 조린다.
4 묵이 꼬들꼬들하게 조려지면 데친 떡을 넣고 말랑하게 조린다.
5 묵과 떡에 간이 배면 쪽파를 넣어 버무리고 통깨를 뿌려 낸다.

 **떡과 묵이 엉겨 붙는 것을 방지하려면**
조림장이 충분히 끓은 후 묵을 넣어야 묵이 풀어지지 않는다. 떡은 마지막에 넣어야 떡이 불어 묵과 엉겨 붙는 것을 막을 수 있다.

녹두죽 

한방에서 녹두는 백독을 해독하는 기능을 가졌다고 한다. 스트레스와 운동 부족, 인스턴트 음식의 과식 등으로 아이들의 체내에 축적된 노폐물들은 녹두를 가끔씩 먹는 것만으로도 상당한 해독 효과를 가져 오고 아토피 진정에도 효과적이다.

재료

불린 쌀	1/4컵
녹두	1/2컵
물	6컵
참기름	1작은술
소금	약간

1 쌀은 잘 씻어 한 시간 정도 불리고 녹두는 가볍게 비벼 가며 껍질이 떨어지도록 씻어 불린다.
2 녹두에 준비한 물을 붓고 무르도록 푹 삶아 체에 내린 뒤 앙금을 가라앉힌다.
3 참기름을 두른 냄비에 쌀이 말갛게 익도록 볶는다.
4 앙금 가라앉힌 윗물을 따라 내어 3에 넣고 끓인다.
5 쌀알이 완전히 퍼지면 녹두 앙금을 넣고 어우러지게 끓인 후 소금으로 간을 한다.

 **앙금은 쌀이 퍼진 후에 넣기**
앙금을 처음부터 넣으면 쌀알이 퍼지기도 전에 바닥에 눌어붙어 죽을 쑤기가 힘들다. 녹두 성분이 남아 있는 윗물로 충분히 쌀을 퍼트린 후 앙금을 넣도록 한다.

흑미두유죽 사계절

흑미는 현미의 일종으로 식이섬유가 풍부하여 유해 물질과 노폐물 배출에 탁월하고 중금속을 해독하는 효과도 있다. 검은색의 색소는 항암 효과와 면역력 증진 효과가 있어 아토피 증상의 예방과 치료에 좋다. 두유는 우유에 알레르기 반응을 보이는 아이들의 우유 대체 식품으로 좋다.

재료

찰흑미	1/2컵
물	2컵
두유	1컵
소금	약간
유기농 설탕	약간

1 찰흑미는 잘 씻어 두세 시간 불린 뒤 믹서에 물 1컵과 함께 넣고 곱게 갈아 체에 밭친다.
2 체에서 내려온 쌀물에 남은 물 1컵을 부어 나무 주걱으로 살살 저어 가며 끓인다.
3 끓기 시작하면 중간 정도의 약한 불로 줄이고 두유를 조금씩 부어 가며 멍울 없이 곱게 끓여 낸다.
4 그릇에 담고 소금, 설탕을 곁들여 낸다.

백미타락죽보다 몸에 좋은 흑미두유죽
안토시아닌 색소가 풍부한 흑미는 무기질이 백미보다 많고 항암 작용도 뛰어나다. 흑미두유죽은 백미타락죽보다 고소한 맛이 훨씬 강하다.

현미무장아찌미니김밥 

장아찌는 전통 발효장에 삭히는 과정을 거치면서 채소 속에 남아 있던 유해 성분이 거의 사라져 간만 잘 맞추면 아토피 아이들에게도 좋다. 부지런히 손 놀려 만든 장아찌는 반찬 없을 때 든든한 반찬으로도 한몫하지만 김밥 속 재료로도 좋다. 달콤 짭조름하게 조물조물 무쳐서 김밥을 말면 깔깔한 현미김밥도 아이들이 좋아하는 별미 간식이 된다.

재료

김밥용 김	4~5장
무된장장아찌	1/6쪽
참기름	약간
깨소금	약간
유기농 설탕	약간
현미쌀밥	2공기

1 김밥용 김은 바삭하게 구워 길게 6등분 한다.

2 무된장장아찌는 양념을 훑어 내고 물에 담가 짠맛을 우린 후 나무젓가락 굵기로 썰어 참기름과 깨소금, 설탕에 버무린다.

3 김 위에 밥을 올리고 무된장장아찌를 올린 후 김밥을 만다.

여러 가지 김밥 속 재료

속 재료는 무 말고도 깻잎이나 더덕, 도라지 같은 장아찌로도 만들 수 있다. 무순이나 치커리 같은 재료를 곁들이면 색감도 예쁘다.

깍두기과일유부초밥 겨울

새콤달콤하게 양념한 유부초밥은 아이들이 좋아하는 메뉴다. 제철 채소가 별로 나지 않아 비타민 섭취가 부족한 겨울, 김치와 겨울 과일을 다져 넣은 색다른 유부초밥이면 부족한 비타민과 섬유질, 무기질을 보충할 수 있다.

1 유부는 끓는 물에 살짝 데쳐 물기를 꼭 짜고 반으로 갈라 분량의 유부 조림장에 조려 둔다.
2 깍두기는 양념을 씻고 사방 5밀리미터 크기로 썰어 꼭 짠다.
3 사과, 참다래, 귤은 사방 5밀리미터 크기로 썰어 소금에 살짝 절였다 꼭 짠다.
4 따뜻한 밥에 김치와 과일을 넣고 초밥소스를 뿌려 고루 버무린다.
5 유부 속에 4를 채워 낸다.

 **제철 과일로 계절감 있는 유부초밥 만들기**
과일과 김치는 계절에 따라 바꾸어 사용할 수 있다. 유부는 미리 살짝 데친 뒤 조려야 느끼하지 않다.

재료
유부	10장
깍두기	3~4개
사과	1/6개
참다래	1/4개
귤	2~3알
소금	약간
밥	2공기

유부 조림장
다시마물	1/2컵
간장	1큰술
유기농 설탕	1/2큰술

초밥소스
식초	2큰술
유기농 설탕	1/2큰술
소금	1/2작은술

CHAPTER 06

뚝딱 만드는
우리 아이 간식

알레르기나 아토피가 있는 아이라면 간식을 선별하는 것도 만만치 않다. 인스턴트식품이나
시판 과자들 대부분이 아토피에 좋지 않기 때문. 아이가 아토피나 알레르기로 고생한다면
시판 간식거리보다는 엄마가 직접 만든 건강 간식을 내자.
쉽고 편하게 만드는 친환경 간식을 모았다.

사과녹두전병 가을 ~ 겨울

사과 껍질의 펙틴질은 납의 흡수를 막고 중금속을 몸 밖으로 배출하는 작용을 한다. 녹두는 각종 노폐물을 해독하며 열을 내리고 식욕을 돋우는 구실을 한다. 고소한 녹두전병과 달콤한 사과조림을 함께 먹으면 쿠키나 빵 등 밀가루에 길든 아이들의 입맛을 건강하게 바꿀 수 있다.

재료

녹두 ······················1/2컵
물 ·························1컵
소금 ·······················약간
식용유 ·····················약간
사과 ·······················1개
매실청 ····················2큰술
계피가루 ···················약간

1 껍질을 벗기고 잘 씻은 녹두는 부드럽게 불린 다음 물을 넣고 곱게 갈아 반죽을 만든다.
2 팬에 기름을 두르고 1의 반죽을 노릇하게 굽는다.
3 사과는 잘 씻어 껍질째 채 썰고 바닥이 두꺼운 냄비에 매실청과 함께 넣어 투명하게 될 때까지 조린다.
4 사과가 익으면 취향에 맞게 계피가루를 뿌린다.
5 녹두전병 위에 사과조림을 올리고 돌돌 말아 한입 크기로 잘라 낸다.

사과에는 매실청을 넣어 윤기 나고 쫄깃하게
반죽에 물이 너무 많이 들어가면 늘어져서 부치기 어려우므로 녹두를 갈 때 물은 동량이나 동량보다 조금 적게 잡아 갈도록 한다. 사과를 조릴 때 매실청을 넣으면 사과가 갈변하지 않고 쫄깃쫄깃 윤기 나게 조려진다.

말린과일칩

과일은 수분을 말리면 더욱 단맛이 강해지는데 단것을 좋아하는 아이들에게 첨가물이 들어 있지 않은 과일칩을 만들어 주면 간식으로 좋다. 햇볕에 말린 과일은 에르고스테린도 생성되어 성장기 어린이의 뼈 건강에 좋다.

재료

사과 ·······2개
배 ·······1개
감 ·······3개
참다래 ·······3개
매실청 ·······약간
유기농 바나나 ·······3개
레몬즙 ·······약간
딸기 ·······20개
귤 ·······2개

1 사과나 배, 감, 참다래는 잘 씻은 후 껍질을 벗기거나 껍질째 5밀리미터 두께로 썰어 매실청을 살짝 뿌린다. 모양을 살려 썰어도 좋고 부채꼴 모양으로 썰어도 좋다.
2 바나나는 껍질을 벗기고 5밀리미터 두께로 얇게 썰어 레몬즙을 살짝 뿌린다.
3 딸기, 귤은 5밀리미터 두께로 썬 후 매실청을 뿌린다.
4 바구니에 넣어 2~3일 말랑하게 말리거나 100도 정도로 맞춘 오븐에 1시간 정도 굽는다.

과일을 말릴 때는 매실청과 레몬즙을
시판 과일칩처럼 설탕을 뿌려 말리지 않아도 과일 자체의 당분이 있어 달콤하게 마른다. 매실청이나 레몬즙을 뿌려 말리면 갈변을 방지할 수 있다.

대추차 가을 ~ 겨울

대추는 면역력을 높이고 감기와 소화불량 예방에 효과가 있다. 또한 신경을 안정시켜 숙면을 돕는 성분이 들어 있어 성장 발달에도 좋다. 한방에서는 기와 혈액 순환도 잘 되게 하여 체력이 좋아는 효과가 있다고 한다.

1 대추는 잘 씻어 살만 발라낸다.
2 냄비에 분량의 물과 대추를 넣고 은근한 불로 물이 반 정도 졸아들 때까지 끓인다.

재료
대추 ·····················10알
물 ·······················4컵

차는 은근한 불로 오래 우리기

차는 금속 용기보다는 내열 유리 용기나 법랑 용기에 끓이는 것이 좋다. 좋은 맛과 성분을 충분히 우리려면 약한 불로 오래 우려내는 것이 좋다.

우엉두부버거 가을 ~ 겨울

우엉은 섬유질이 풍부해 대장 운동을 촉진시켜 노폐물을 몸 밖으로 배출시킨다. 우엉의 거친 질감을 싫어하는 아이들에겐 다지거나 얇게 썰어 좋아하는 재료에 섞어 먹이면 좋다.

1 우엉은 껍질을 벗기고 잘게 다진 후 기름을 두른 팬에 소금으로 간하여 볶는다.
2 양파와 당근, 청피망도 곱게 다진 후 기름 두른 팬에 소금으로 간하여 볶는다.
3 두부는 곱게 으깨어 면포에 짜서 수분을 제거한다.
4 볼에 두부와 우엉, 양파, 당근을 넣고 분량의 밑간 양념과 밀가루를 넣어 고루 치댄다.
5 4를 동글납작하게 빚어 기름 두른 팬에 노릇하게 지져 낸다.

재료
우엉 ·····················1/4대
올리브오일 ················약간
소금 ·····················약간
양파 ·····················1/4개
당근 ·····················1/6개
청피망 ···················1/4개
두부 ·····················1모
우리밀백밀가루 ··········2큰술

두부 밑간
참기름 ···················1큰술
깨소금 ··················1/2큰술
굵게 다진 파 ···········1/2큰술
다진 마늘 ···············1작은술
소금 ·····················1작은술

반죽은 냉동했다가 필요할 때마다 사용

밀가루를 넣으면 반죽에 점성이 생겨서 갈라지지 않는다. 시간이 넉넉할 때 만들어 두고 냉동했다가 치즈를 올려 오븐이나 전자레인지에 데워 내도 좋다.

밤옥수수차 가을 ~ 겨울

밥을 먹어도 허전하고 식사 속도가 빨라 살이 붙는 아이들에게 좋은 음료이다. 이 차를 마시면 속이 든든해져 물렁살이 빠지고 배고픔을 느끼지 않게 된다. 변비가 심하고 소화력이 약한 아이들은 가려 마시는 것이 좋다.

1 말린 밤은 흐르는 물에 재빨리 씻어 아무것도 두르지 않은 팬에 노릇하게 볶는다.
2 옥수수 알과 밤을 넣고 분량의 물을 끓여 차를 우려낸다.

재료

말린 밤	1/2컵
옥수수	20알
물	5컵

 **밤옥수수차 색다르게 즐기기**
밤을 가루 내어 꿀과 함께 차에 타서 마셔도 좋다.

포도송편 가을 ~ 겨울

달콤한 시럽이 들어간 꿀떡이나 단팥이 든 송편은 아이들이 좋아하는 간식거리. 엄마가 직접 만든 포도즙을 넣고 단맛을 낸 송편은 설탕이 들어가지 않아 더욱 건강에 좋다.

1 포도는 잘 씻어 송이를 따고 바닥이 두꺼운 냄비에 넣어 약한 불로 알이 터지게 삶는다.
2 1의 물러진 포도를 체에 내려 즙을 거른 후 저민 생강을 넣고 우르르 끓여 체에 거른다.
3 청태콩은 부드럽게 삶아 소금 간을 하여 식힌다.
4 멥쌀가루는 2번 정도 체에 내린 후 분량의 포도즙을 넣고 농도를 맞추며 뜨거운 물을 섞어 차지게 반죽한다.
5 반죽을 젖은 행주로 덮어 놓고 밤톨 크기로 떼어 둥글게 빚은 후 속을 파 소를 넣고 오므려 조개 모양으로 빚는다.
6 김이 오른 찜통에 젖은 보자기와 솔잎을 깔고 송편을 넣어 30분 정도 익힌 다음 찬물에 재빨리 담갔다 건져 참기름을 발라 낸다.

재료

소금 간한 멥쌀가루	3컵
포도즙	1/2컵
뜨거운 물	약간

포도즙

포도	2송이
생강	1/4쪽

송편 소

청태콩	1컵
소금	약간

 **포도즙은 주스나 차로도 활용 가능**
포도즙은 냉장고에 넣어 두면 오랫동안 보관이 가능한데 넉넉히 만들어 두고 주스나 차로 마셔도 좋다.

호두두유차 가을 ~ 겨울

위장과 신장 기능을 좋게 하고 몸을 따뜻하게 해 통변과 소화를 돕는 음료이다. 오래 두고 마시면 머리가
좋아지고 피로 회복에 효과가 있다.

1 호두는 끓는 물에 데쳐 쓴맛을 빼고 아무것도 두르지 않은 팬에 볶은 후
  분쇄기에 곱게 간다.
2 두유를 미지근한 불에 끓인다.
3 2에 호두가루를 넣고 잘 섞은 후 컵에 담아 마신다.

재료

호두	1/4컵
두유	2컵

 **호두의 갈변, 건강에는 이상 무**
차가운 두유에 호두를 갈아 넣어도 좋다. 호두는 갈면 호두 속의 타닌 성분 때
문에 검게 갈변하는데 영양이나 건강에는 지장이 없다.

바나나찐빵 여름

부드러운 질감과 달콤한 맛으로 아이들이 좋아하는 바나나는 칼륨이 풍부해 나트륨과 각종 공해 물질을
배출하는 작용을 한다. 그러나 칼로리가 높고 성질이 차가우니 너무 많이는 먹지 않는 것이 좋다.

1 밀가루와 베이킹파우더는 체에 두세 번 내려 준비한다.
2 바나나는 꼭지와 줄기 부분을 2센티미터 정도 잘라 내고 포크로 부드럽게
  으깬다.
3 볼에 두유와 포도씨오일을 넣고 잘 섞는다.
4 3에 1의 밀가루를 넣고 가볍게 섞은 후 바나나를 넣어 혼합한다.
5 기름칠한 찜기틀에 반죽을 담고 김이 오른 찜통에 15분 정도 찐다.

재료

우리밀백밀가루	2컵
베이킹파우더	1큰술
유기농 바나나	3개
두유	1과 1/2컵
포도씨오일	3큰술

 **단맛이 좋다면 꿀을 넣어 달콤하게**
으깬 바나나의 당도로만 단맛을 조절하면 단맛이 부족할 수가 있으니 기호에
따라 꿀을 가감하도록 한다.

사과설기 가을 ~ 겨울

백설기에 콩을 섞어 찌면 콩설기, 무를 넣고 찌면 무설기가 되고 아이들이 좋아하는 사과를 넣고 찌면 사과설기가 된다. 평소 쌀가루를 넉넉히 빻아 놓으면 빵보다 건강한 간식인 떡을 손쉽게 만들 수가 있다.

재료

사과 ·······················1개
멥쌀가루 ·····················5컵
꿀 ·························5큰술
계피가루 ······················2큰술
거피 팥고물 ···················3컵

팥고물 재료

팥 ·························1컵
소금 ·······················1작은술

1. 껍질을 제거한 팥은 김이 오른 찜통에 30분 정도 찐 후 소금 간을 하여 체에 내린다.
2. 4등분한 사과는 씨를 빼고 부채꼴 모양으로 썰어 소금물에 잠깐 담갔다가 채반에 널어 꾸덕꾸덕하게 말린다.
3. 소금 간을 하여 빻은 멥쌀가루에 꿀과 계피가루를 섞어 체에 두어 번 내린다.
4. 사과가 살짝 마르면 쌀가루 1/2컵을 넣고 고루 버무린다.
5. 젖은 면포를 깐 찜기에 흰 팥고물을 1켜 깔고 멥쌀을 한 단 넣은 다음 4의 사과를 올린다. 다시 쌀가루를 한 단 깔고 팥고물을 한 켜 올린다.
6. 김이 오른 찜통에 25분 정도 찐 후 한 김 식혀 먹기 좋은 크기로 썬다.

사과는 쌀가루로 버무려 갈라지지 않게

사과를 살짝 말려 넣으면 떡에 수분이 겉돌지 않고 사과 향이 더 많이 난다. 또 사과를 떡 사이에 넣을 때는 쌀가루에 충분히 버무려 올려야 접착력이 좋아져 나중에 떡이 갈라지지 않는다.

단호박식혜 가을 ~ 겨울

단맛이 풍부하고 부드러워 아이들이 좋아하는 식재료인 단호박은 칼륨과 카로틴, 레시틴 등이 함유되어 면역력 증강과 두뇌 발달에 좋다. 단호박의 영양 성분은 과육보다 껍질과 씨를 감싸고 있는 그물 같은 조직에 많이 함유되어 있으므로 손질할 때 많이 잘라 내지 않는다.

재료

엿기름 ·····················2컵
생수 ·······················3리터
생강 ·······················1쪽
단호박 ·····················1/2통
유기농 설탕 ··················1컵

1. 엿기름은 생수에 바락바락 주무른 다음 체에 밭쳐 앙금을 가라앉히고 윗물만 떠낸다.
2. 생강은 껍질을 벗겨 저미고 단호박은 씨와 껍질을 벗겨 내고 한입 크기로 토막 낸다.
3. 1의 물을 2컵 정도 덜고 저민 생강과 함께 우르르 끓여 체에 거른다.
4. 남은 물에 호박을 넣고 무르도록 삶은 후 체에 내린다.
5. 3과 4를 합친 다음 설탕을 넣고 설탕이 녹을 정도로만 끓인다.

상하기 쉬운 단호박식혜는 냉동 보관

단호박식혜는 엿기름과 단호박의 당질 때문에 냉장 보관해도 3~4일 정도면 걸쭉해지면서 상하기 시작한다. 조금씩 만들어 먹고 남은 것은 냉동 보관한다.

계절별 제철 재료로 건강 밥상 차리기

제철 식재료는 가격이 저렴할 뿐 아니라 영양이 풍부하다. 인스턴트식품이나 패스트푸드, 달고 자극적인 외식 음식처럼 알레르기나 아토피에 좋지 않은 음식 대신 제철 식재료를 활용한 건강한 밥상으로 면역 력을 높여 아토피를 퇴치해 보자.

봄철 식단표

	월요일	화요일	수요일	목요일	금요일	토요일	일요일
아침	현미밥, 냉이된장찌개[66p], 곰취나물무침, 부추김치	잡곡밥, 아욱국, 시금치두부무침, 깨소스봄나물무침[82p]	완두콩밥, 달래국, 양배추김치, 콩나물무침	현미영양밥, 쑥국, 두릅 무침, 알감자조림, 죽순미나리된장무침[83p]	잡곡밥, 김치찌개, 도라지무침, 뱅어포무침	채소죽, 과일샐러드	미역주먹밥[100p], 시금치국
점심	현미밥, 죽순샐러드, 고사리무침, 호박볶음	잡곡밥, 미나리무침, 삶은 브로콜리, 무볶음	완두콩밥, 깻잎, 배추김치, 시금치무침	채소김밥, 양상추샐러드	채소카레라이스, 물김치	누룽지탕, 깍두기	떡국, 오이소박이
간식	채소빵, 딸기주스	모듬과일샐러드	알감자구이, 미나리주스	녹두죽[106p]	오이토마토샐러드	모듬채소전	양상추과일샐러드
저녁	현미밥, 꼬막채소전[95p], 배추김치, 해초무침	잡곡밥, 청포미나리국[64p], 양송이조림, 무채무침, 애호박조림	완두콩밥, 도토리묵무침, 더덕구이, 오이소박이	현미영양밥, 돌나물김치, 파래볶음, 냉이무침, 오징어양송이장조림[94p]	잡곡밥, 양배추김치, 미역무침, 청포묵 무침	보리밥, 콩나물국, 배추겉절이, 채소쌈	흑미찰밥, 버섯양배추볶음, 쪽파김치, 두부조림

봄 월별 제철 식재료

3월 | 미나리, 달래, 냉이, 씀바귀, 고들빼기, 쑥, 두릅, 물미역, 톳, 파래, 대합, 모시조개, 꼬막, 바지락

4월 | 양상추, 취, 상추, 아스파라거스, 머위, 김, 조기, 병어, 도미, 뱅어, 김

5월 | 마늘, 양파, 완두, 파, 도라지, 더덕, 마늘종, 양배추, 멍게, 참치, 준치, 멸치

여름철 식단표

		월요일		화요일		수요일		목요일		금요일		토요일		일요일
아침	완두콩밥, 애호박조갯살된장찌개[68p], 감자볶음, 오이소박이, 연두부샐러드	현미밥, 오이콩나물냉국[69p], 애호박전, 열무김치	보리밥, 오이냉국, 노각김치, 피망채소볶음, 깍두기	잡곡밥, 가지찜, 두부조림, 노각김치	잡곡밥, 북어국, 부추김치, 감자볶음	잡곡밥, 배추된장국, 멸치볶음, 호두조림	브로콜리스프, 토마토샐러드
점심	완두콩밥, 다시마쌈장, 오이당근샐러드, 매실장아찌	현미밥, 가지양념구이, 깻잎무침, 다시마쌈	현미밥, 양배추쌈, 열무물김치, 가지브로콜리들깨무침[85p]	콩국수, 찐감자	채소볶음밥, 시금치국	현미장아찌미니김밥[108p], 감자스프	보리밥, 채소쌈
간식	간장떡볶이	바나나찐빵[118p], 매실주스	단호박찜	복숭아딸기 쉐이크	제철과일빙수	화채	찐감자
저녁	완두콩밥, 김치찌개, 배추겉절이, 오이상추무침[97p]	현미밥, 표고청포묵무침, 가지양념구이[85p], 나박김치	보리밥, 오이상추무침, 두부조림, 총각김치	잡곡밥, 부추김치, 오이미역냉국, 브로콜리볶음, 표고청포묵무침[92p]	잡곡밥, 배추김치, 멸치감자볶음, 풋콩조림	잡곡밥, 두부전골, 배추김치, 오이무침	잡곡밥, 버섯잡채, 미역국, 가지볶음

여름 **월별 제철 식재료**

6월 ｜ 오이, 셀러리, 늙은호박, 근대, 부추, 전복, 민어, 준치, 전갱이

7월 ｜ 가지, 피망, 애호박, 고구마순, 노각, 열무, 꽈리, 장어, 농어, 갑오징어

8월 ｜ 오이, 풋고추, 옥수수, 단호박, 깻잎, 감자, 잉어, 성게

가을철 식단표

	|월요일|	|화요일|	|수요일|	|목요일|	|금요일|	|토요일|	|일요일|
아침	잡곡밥, 버섯맑은국[70p], 배추김치, 감자볶음, 토란무침	잡곡밥, 배추된장국, 느타리버섯볶음, 깍두기	잡곡밥, 느타리당면맑은국[72p], 부추오이김치, 우엉사과생채[86p]	흑미찰밥, 아욱된장국, 버섯볶음, 시금치무침	현미밥, 토란국, 멸치볶음, 양배추찜	단호박스프	검은깨죽, 과일샐러드
점심	잡곡밥, 메밀묵무침, 콩나물볶음, 두부조림	잡곡밥, 우엉생채무침, 뱅어포구이, 오이생채	잡곡밥, 호박무침, 김, 무생채, 우엉잡채[86p]	완두콩밥, 미역무침, 무조림, 송이버섯구이	보리밥, 채소쌈, 맑은무국	나물리소또[101p], 채소샐러드, 사과주스	과일유부초밥, 매실주스
간식	두부샐러드	고구마스틱, 사과주스	감자스프, 채소샐러드	화전, 매실차	사과녹두전병[112p]	호두두유차[118p], 찐옥수수	말린과일칩[113p]
저녁	잡곡밥, 버섯전골, 미역조림, 상추겉절이	잡곡밥, 시래기국, 토마토시금치볶음[93p], 우엉잡채	잡곡밥, 버섯양배추잡채[103p], 말린호박볶음, 다시마튀각	흑미찰밥, 콩비지찌개, 말린가지볶음, 열무무침	찰수수밥, 모듬버섯전, 콩자반, 김무침	완두콩밥, 애호박찌개, 감자전, 마늘종볶음	나물리조또, 맑은장국

월별 제철 식재료

9월 ｜ 표고버섯, 느타리버섯, 풋콩, 토란, 당근, 고구마, 해파리, 대하, 꽁치

10월｜ 양송이버섯, 송이버섯, 가을양배추, 햇시금치, 무, 고등어, 갈치, 청어, 홍합

11월 ｜ 브로콜리, 배추, 연근, 당근, 우엉, 대파, 방어, 옥돔, 대구, 오징어

겨울철 식단표

		월요일	화요일	수요일	목요일	금요일	토요일	일요일
아침		잡곡밥, 무청된장국, 마른김, 연근조림	고구마밥, 시래기조개된장국[73p], 무말랭이무침, 시금치두부무침[96p]	흑미두유죽[107p], 찐고구마	현미밥, 모둠콩청국장, 무새우조림, 무청무침, 김부각	현미밥, 시금치된장국, 나박김치, 파프리카볶음, 김	잡곡밥, 무청된장찌개, 참나물무침, 알타리김치	우엉주먹밥, 콩나물국
점심		콩나물밥, 멸치볶음, 배추겉절이	잡곡밥, 백김치, 고구마조림, 양송이볶음	현미밥, 연근호두조림[91p], 곤약무침, 미역초무침	잡곡밥, 가지볶음, 무청무침, 취나물무침	잡곡밥, 김치찌개, 브로콜리조림, 멸치고구마조림[89p]	고구마밤죽, 채소샐러드	대추차[114p], 깍두기과일유부초밥[109p]
간식		고구마맛탕	단호박샌드위치, 매실주스	사과설기[121p], 밤옥수수차[117p]	호박죽	완두빵, 단호박식혜[121p]	포도송편[117p]	콩비지김치전[102p]
저녁		잡곡밥, 김치콩비지찌개[75p], 감자볶음, 배추김치	잡곡밥, 미역자반, 말린도토리묵떡조림[105p], 무멸치조림	현미밥, 우거지된장국, 모듬채소구이, 무말랭이무침[89p]	고구마밥, 두부감자찌개, 새송이버섯볶음, 깻잎무침	현미밥, 맑은감자국, 우엉조림, 동치미	현미밥, 청국장, 시금치볶음, 김부각	잡곡밥, 콩비지전, 깍두기, 시금치무침, 오이지무침

월별 제철 식재료

12월 | 콜리플라워, 산마, 우엉, 연근, 넙치, 복어, 낙지, 문어

1월 | 우엉, 연근, 당근, 명태, 아귀, 해삼

2월 | 쑥갓, 시금치, 고비, 봄동, 참취, 순무, 움파, 원추리, 다시마, 굴, 청각, 파래

믿고 살 수 있는 친환경 매장

현재 국내 친환경 농산물의 인증은 국립농산물품질관리원에서 '저농약', '무농약', '전환기', '유기농' 네 종류로 구분하여 시행하고 있다. 저농약이란 유기합성농약과 화학비료는 기준 사용량의 2분의 1을 사용하되 제초제는 전혀 사용하지 않고 재배한 것을 말하며, 무농약이란 화학비료는 기준량의 3분의 1을 사용하되 유기합성농약과 제초제를 사용하지 않고 재배한 것을 말한다. 전환기란 무농약 재배를 시작한 후 유기농 인증을 받기 전까지 이행 기간 중 재배한 것을 말하고, 유기농이란 일정 기간 화학비료와 유기합성농약을 사용하지 않고 재배한 것으로 식품첨가물을 넣지 않고 유전자조작 식품이 아닌 것을 말한다. 이러한 상품을 파는 친환경 매장으로는 어떤 곳이 있는지 정리해 보았다.

● 생활협동조합

소비자가 조합원으로 가입하여 함께 운영하는 형태로 일정 출자금과 조합비를 납부해야 이용할 수 있다. 대부분 인터넷으로 주문할 수 있고 일주일에 1회 배송되므로 홈페이지를 참고한다. 곡물, 채소, 과일, 축산물, 장·양념 반찬 등의 기본 품목은 모든 생협이 비슷하지만 가공식품이나 생활용품 등은 생협마다 조금씩 다르다.

한살림
02-3498-3600 www.hansalim.or.kr

한살림은 한 집에서 살림하듯 더불어 살자는 뜻. 가입비와 출자금을 내고 조합원으로 가입하면 제품을 구입할 수 있다. 100퍼센트 국내산을 판매하는 것을 원칙으로 한다. 생명, 생태, 공동체를 기치로 한살림 운동을 전개한다.

- **매장** 서울·경기 50곳, 기타 지역 60곳
- **방법** 지역생협 조합원으로 가입한 뒤 출자금과 가입비 납부(지역마다 회원 가입 절차가 약간씩 다름)
- **배송** 지역매장별 주 1~2회 공급(주문 마감일 제도)
- **품목** 기본 품목 + 두부·어묵·묵 / 수산·건어물 / 떡·빵·잼 / 면·만두·피자 / 건강식품·꿀 / 차·음료·유제품 / 과자·빙과 / 화장품 / 생활용품

아이쿱생협(구. 한국생협연대)
1577-0178 www.icoop.or.kr

지역주민운동으로 출발한 부평생협을 모태로 1997년 경인지역생협연대를 출범한 뒤 현재 한국생협연구소를 비롯해 지역생협활동을 지원하기 위한 생협연합회와 유기농 도매시장을 운영한다.

- **매장** 매장 서울 8곳, 경기 16곳, 기타 지역 41곳
- **방법** 지역생협 조합원으로 가입한 뒤 출자금과 조합비 납부(지역마다 조합비와 가입 절차가 약간씩 다름)
- **배송** 날마다 오후 11시 주문 마감 뒤 3일 내 배송
- **품목** 기본 품목 + 신선 가공식품 + 차·음료 / 수산물 / 건재 / 간식거리 / 건강식품 / 면·만두 / 친환경생활용품

두레생협연합회

02-3283-7290 www.dure.coop

'생협수도권연합회'를 모태로 출발. 2004년 '지역생명운동'이라는 새로운 정체성을 확립하고 '두레생협'으로 개칭했다. 생산이력시스템을 갖추고 있어 각 상품의 생산지, 생산자, 생산과정을 확인할 수 있다.

- **매장** 서울 12곳, 경기 29곳
- **방법** 지역생협에 가입한 뒤 출자금과 가입비 납부
- **배송** 지역 매장별 주 1회 공급(주문 마감일 제도)
- **품목** 기본 품목 + 가공식품 / 일일식품 / 차 · 음료 / 건강식품 / 생활용품 / 여름 기획 / 수산 · 건어물

정농생협

02-404-6247 www.jungnong.com

농민들의 모임인 정농회가 기반이 되어 운영되는 생활협동조합. 우리나라 조직적 유기농법 실천의 첫 출발점. 기존 4단계 인증을 넘어 물품에 따라 6~8단계로 기준 설정(비닐 멀칭, 퇴비의 질, 질산염, 종자, 경력 등을 종합적으로 고려).

- **매장** 매장 서울 5곳
- **방법** 조합원으로 가입한 뒤 출자금과 가입비 납부(기본 교육 이수해야 함)
- **배송** 주 3회 공급(주문 마감일 제도)
- **품목** 기본 품목 + 두부 · 어묵 / 면 · 간식 / 가루음식 · 떡국 / 차 · 음료 / 건강보조식품 / 생활용품 / 화장품 / 천연염색 / 수산 / 건어물

콩세알을 심는 농부(풀무생협)

070-7764-9283 www.pulmu.or.kr

6백여 명의 친환경 생산자가 주축이 되어 만든 온라인 유기농 유통매장. 오프라인 매장은 없다. 일반회원으로 가입한 뒤 이용할 수 있다. 생산지가 홍성군 홍동면 일대에 밀집되어 있다.

- **매장** 없음
- **방법** 일반회원으로 가입한 뒤 이용 가능
- **배송** 당일 오후 10시까지 입금 확인 뒤 2일 내 배송
- **품목** 기본 품목 + 가루식품 / 간식 · 면 / 차 · 음료 / 건강식품 / 환경생활용품

여성민우회생협

02-581-1675 www.minwoocoop.or.kr

한국여성민우회가 주체로 농업 · 환경 · 지역 살리기 활동을 펼쳐 왔다. 지역주민과 조합원을 대상으로 환경, 친환경 소비, 식품안전, 요리, 건강 등 강좌와 생산지 견학 및 요리, 노래, 책읽기, 영화, 생태목공 등 소모임, 생산자 1일 점장제, 여성생산자, 소비자 교류회 등을 운영한다.

- **매장** 서울 · 경기 12곳, 기타 지역 1곳
- **방법** 조합원으로 가입한 후 출자금과 가입비 납부
- **배송** 주 1회 공급(주문 마감일 제도)
- **품목** 기본 품목 + 우리밀제품 / 건강식품 / 환경생활용품 / 수산 · 건어물 / 차 · 음료

인드라망생협

02-576-1882 www.budcoop.com

도농 공동체운동을 통한 도시와 농촌의 친환경농산물 직거래를 구상하고 불교귀농학교를 수료한 동문들이 전국 각지에서 생산한 생산물을 공급한다.

- **매장** 전국 사찰 4곳
- **방법** 조합원으로 가입한 뒤 출자금과 가입비 납부
- **배송** 월요일 주문 마감 / 매주 목요일 발송
- **품목** 기본 품목 + 일일식품 / 간식 / 친환경생활용품 / 수산물 / 우리밀제품 / 건강식품

예장생협

02) 426-5801, 5803~4 www.yj-coop.or.kr

농촌과 도시, 자연과 인간이 함께 더불어 살아가는 건강한 세상을 이루기 위해 도시와 농촌의 크리스찬들이 손을 잡고 만든 생명공동체이다. 생활재를 받기 3일 전 오후 6시까지 인터넷이나 전화로 주문하면, 지역별로 편성된 공급요일에 배송된다.

- **매장** 없음
- **방법** 조합원으로 가입한 뒤 출자금 납부
- **배송** 주 1회 공급(서울 및 수도권), 지방은 택배
- **품목** 기본 품목 + 신선식품 / 일반 가공품 / 수산물생선류 / 생활용품 / 여름생활재 / 선물용생활재 / 급식용

우리 아이 방긋 웃는
아토피 사생활

펴낸날 **초판 1쇄 2010년 4월 30일**

지은이 **이판제**
펴낸이 **심만수**
펴낸곳 **(주)살림출판사**
출판등록 1989년 11월 1일 제9-210호

경기도 파주시 교하읍 문발리 파주출판도시 522-1
전화 031)955-1350 팩스 031)955-1355
기획·편집 031)955-4676
http://www.sallimbooks.com
lohas@sallimbooks.com

ISBN 978-89-522-1393-8 13590

＊값은 뒤표지에 있습니다.
＊잘못 만들어진 책은 구입하신 서점에서 바꾸어 드립니다.

책임편집 **허슬기**